老いてはネコに従え

養老孟司
下重暁子

宝島社新書

まえがきにかえて

猫についての対談だといわれて、喜んで引き受けた。

でも、猫の話だけで一冊分、話がもつかなあと危惧していたら、案の定だった。だからいろいろ余分な話をする結果になったのは、本文にみる通りである。それが読者の皆さんのお気に召せばいいが、と少し心配している。「猫の話のはずじゃないか」と叱られそうな気がしないでもない。

下重さんはアナウンサーだったというお仕事上、現代風の表現だと「聞く力」の強いお人柄で、私はつい喋らされてしまった、という気がする。もう一つ、下重さんと私はほぼ同年で、私自身は同年の女性の知り合いが少ない。同年配だと、似たような体験をしているから話の通りがよく、余計な説明が不要である。自分より若い世代との話だと、相手の常識にこちらがついていけないことが多く、相手も説明が面倒になるはずである。

その意味では、この対談は私にとってずいぶん楽しくかつ有益だったが、下重さんと読者にとってどうか。それはわからないし、私の知ったことではない。

確認はしていないが、下重さんの御母堂は私の母親の知り合いだったらしい。下重さんの名前が母の話に出てきた記憶はしっかり残っている。鎌倉の私の家にも来られたことがあったはずである。

「何か」、この場合は猫、について話すというのは、実は難しいことである。今回は猫に尾ひれがついて、長い話になってしまった。私は虫が好きだが、虫について長話をするつもりなんかない。虫を採ったり、みたりしているほうが、「虫について」話すより、よほど面白いに決まっている。猫について話すくらいなら、実際に猫をかまっているほうがいい。「チュール」をやってもいいし、軽く頭を叩いて「ばか」といってもいい。頭を叩かれたまるが、迷惑そうな顔で私を斜めに見上げる姿が目に浮かぶ。

まるが死んで三年経つ。まだその辺で寝ている感じがして、ふとそちらに目をやることが多い。私の家にはいつもたいてい猫がいたが、自分で積極的に猫を連れてきて飼ったことはない。まるは、娘がブリーダーのところから連れてきたし、その前の猫は知り合いの獣医さんからいわば押し付けられた。それ以前に姉が猫好きで、自宅にはいつも猫がいた。いなくなると、姉が新しいのを連れてくるのである。それが猫なのだと思う。

猫が私の人生に勝手にやってきて、勝手に去る。来る者は拒まず、去る者は追わず。下重さんのロミは「鳥」になったらしいが、私のまるは「日向」になった。暖かい春の日にはしばらく縁側の陽だまりになっているが、間もなく消える。年が過ぎても、春になれば、いずれまた戻ってくるであろう。

養老孟司

目次

第四章

まるに始まり、まるに終わる

カバー・帯デザイン／鈴木成一デザイン室
カバー画稿／イオクサツキ
帯写真／岡本隆史
本文構成／窪田順生
本文ＤＴＰ／一條麻耶子
編集／宮田美緒（宝島社）

第一章　ネコと暮らせば

養老さん、危機一髪

下重　私たち、初めてお会いしたのはいつ頃のことだったでしょうか。

養老　実ははっきり覚えていないんです。もちろん、下重さんのことは若い頃から知っていますが、初めてお会いしたのはいつだったかというと……。

下重　おそらく随分前、ＮＨＫの番組に養老さんが出演されていて、私もたまたま別の仕事でＮＨＫのスタジオを訪れていたので、そこでご挨拶したのが最初だったような気がします。でもね、養老さんというと、講演会で一緒に登壇した時のことが今でも忘れられないんです。会場に向かう道中、香川の高松空港でタクシーを待っていたの。覚えていらっしゃいますか。

養老　何のことだったかなあ。

下重　タクシー乗り場に大きな蛾《が》がいたんですよ。そしたら養老さんが、「あの蛾はすごく珍しいんだ」って、両手を広げてそっちのほうに飛んでいっちゃった。

しかも、うしろのほうで別のタクシーが動き出して、危うくそれに轢《ひ》かれそうになってるのよ。やんちゃな子どもみたいに目を輝かせている養老さんを前に、可笑しいやら嬉しいやらで、思わずそのエピソードを週刊誌の連載に書いてしまいました。

養老　ああ、それは伺ったような気がします。

下重　やっぱりお好きな虫をみると、今でもそんな感じですか。

養老　虫がいると嬉しいんです、とくに今日みたいに寒い時なんかね。「今日も元気だ、虫がいる」っていう感じで。

下重　たしかに、寒い時の虫っていうのは、何だかとても愛おしいですね。

養老　そこにいるだけでじっと見つめてしまいます。以前、とあるテレビ番組で、アナウンサーをお相手に、浜離宮で対談をしたんですよ。それでテーブルを挟んで二人で向かい合って喋っていたら、足元に虫がいたんです。僕はどうしてもその虫が気になって、目が離せなくなってしまった。アナウンサーの人から「私の話、聞いてないでしょ?」っていわれたので、素直に「うん、聞いてない」って認めたら、怒られてしまいました（苦笑）。

下重　養老さんにとって、虫というのはそれほどかけがえのない存在だということですよね。虫についてのお話は後ほどじっくりとお聞きしたいのだけれど、まずは私たちに共通している、「猫が好き」というところから話をしていきたいですね。猫が好き、という言い方にはちょっと語弊があって、「猫がいないと生きていけない」といったほうが正しいかもしれない。

養老　そうですね。僕も猫がいなければダメですよ。今、この場にもいてほしいくらいです。

「独立した人格」をもっていた、まる

下重　養老さんの猫といえば、やはり数年前（二〇二〇年一二月）に天国へと旅立った「まる」ですよね。一八年間を一緒に過ごして、その日常はＮＨＫで番組（「ネコメンタリー　猫も、杓子も。」）になったほどですね。養老さんにとって、まるというのはどんな存在だったのかしら。

養老　特別に変わった猫だと思いますが、まずとにかく動かないなっていう印象ですかね。どっしりと座っていて、堂々としていて、何ともいえない存在感のある猫だった。

下重　私もテレビでまるをみたんですが、「なんじゃ、この猫は」って思いましたよ（笑）。あの独特の雰囲気と「どすこい座り」で、たちまちファンになりました。

養老　ありがとうございます。まるには人を惹きつける魅力があったようで、い

ろいろな方から「まるのファンです」っていってもらいました。たとえば、建築家の安藤忠雄さんも、まるのことをすっかり気に入ってしまって、「ネコメンタリー」で紹介されたあとすぐに手紙をくれました。いつも堂々としていて、何だか世の中を睨《にら》みつけているような佇《たたず》まいが好きだといってくれて。

下重　まるが多くの人を惹きつけた魅力というのは、何だったのでしょうね。

養老　よくわからないんですけど、何となく、猫というよりも「独立した人格」みたいな感じがしていました。まるは、人間に合わせるということをいっさいやらなかった。自分の行きたいところへしか行かないし、人間が寄っていくと、「何しに来たんだ」っていうような顔をします。そういう泰然としたところに魅力を感じる人が多かったのかもしれません。

下重　たしかにそうですね。まるは誰かに媚びたりしない「独立した人格」をもっていたからこそ、養老さんとウマが合ったのかもしれません。ご自分では、まると相性がいいなっていうのを感じていましたか。

養老　とくに意識したわけじゃないですけど、家に帰ってくると「まるは？」って、まず聞くのが習慣になっていた気がします。やはり、そばにいる時間が長かったからじゃないでしょうか。まるはね、居心地のいい場所を知っているんです。だから僕も自然とそこで過ごすし、まるのほうもそこにやってくるわけです。

下重　そういえば、猫と飼い主って、一緒にいるうちにだんだん顔が似てきませんか。まるの本（『まる　ありがとう』西日本出版社）にたくさん写真が載っていて、あれを眺めているうち、養老さんとまるって本当によく似ていらっしゃるなって思ったんです。

養老　僕もそう思います。いつの間にか似てくるんでしょうね。

気がつけばそこにまるがいた

下重　まるはどんな風に日常を過ごしていたんでしょうか。今日、こうして養老さんの鎌倉のご自宅にお邪魔していますけど、周りは野山や林など、猫にとって遊びたくなるような場所ばかりだと感じます。

養老　それがね、そういうところに行くことはまずなかったんです。まるの前にうちにいた猫は、ときどき裏山に登っていました。ある時、夜になっても姿がみえなくて、だけどどこからか鳴き声がする。どうやら、山の中で迷子になっていたようなんですね。仕方がないから、真っ暗闇の中を探しに行ったんですけど、僕が近づくとさーっと逃げちゃう。パニック状態だったのか、それが僕だということにすら気がつかないんですよ。

下重　まるは、ご自宅の周りを散歩するようなこともなかったんですか。

養老　ええ、ほとんど家の敷地から出ませんでした。だいたい怠け者で、そこの縁側でよく昼寝していました。図体がでかくてね。だから、縁側をみると、今でもそこで寝てるんじゃないかと思ってしまう。

下重　そこの縁側、日当たりがよくてとっても居心地がよさそうです。特等席ね。それから、まるは養老さんが書斎で仕事をしているとすぐに邪魔をしにきたそうですね、パソコンのキーボードの上にズデンと座って。私もよくやられました。原稿用紙の上に座られて、お尻の毛をよけながら桝目を埋めたりしましたけど、あの行動にはどういう意味があるのかしら。やっぱり寂しくてかまってほしい、ということなんでしょうか。

養老　人間が何かに集中しているのが気になるんじゃないでしょうかね。仕事じゃなくて、たとえば女房と二人で庭に出て作業をしていても、まるは必ずやってきて近くに座って邪魔をしました。先代の猫も同じようなことをしていたので、たぶん、どんな猫でもそういう習性をもっているのかもしれません。

下重　「なかなか動かない」ながらも、まるはそんな風にいつも養老さんと一緒にいたのね。そんな愛すべきまるがいなくなってしまった。今でもよく思い出すのでしょうね。

養老　いつもですよ。気がつくと、まるがいた場所をみてしまっています。まあ、あいつはだいたい、冬場は一番暖かくて日当たりがいいところにいました。さっき話した縁側とかね。僕もよく一緒に日向ぼっこしていたので、もう完全に風景の一部になっていたんでしょうね。

「鳥」になった最愛の猫・ロミ

下重　私にも愛してやまない猫がいました。「ロミ」というんですけど、この子はまるのようにどっしりとして、最後まで悠々と生きたという感じではありません。というのも、七歳の時に〝自殺〟してしまったんですよ。

養老　自殺？

下重　もちろん、それは私がそんな風に感じているだけなんですけれど……。わが家はマンションの三階にあるのですが、猫はそれくらいの高さでも平気でベランダの柵の外側を歩いたりするでしょう。それはもう、しなやかに。あんまり上手に歩くものだから、「万一のことがあっても大丈夫、三階だからケガで済む！」って思って好きにさせていたんです。

ところがある日、外出先から帰宅すると、家中どこを探してもロミがいない。そこで、うちのつれあい——夫のことですけど、彼が「ちょっと下をみてくる」って駆けて行ったんです。あとから聞いた話ですが、その時、みたこともない真っ白い猫が外にいて、じっと蹲《うずくま》って一点を見つめていた。胸騒ぎがしてそこへ飛んでいくと、車の下にロミがいたというのです。ベランダから落ちてしまったんですね。うちのマンションは一階が駐車場になっていて、車が入ってくるたびに夜はライトがつく。どうも、ベランダの柵の外を歩いている時にその光に目をやられてしまったんじゃないかと思っていて……。猫って光に弱いじゃないですか。そこをはねられた——。

養老 では、落ちて亡くなっていたんですか。

下重 いいえ、つれあいが慌てて家に運んだ時にはまだ息がありました。でも、獣医さんを呼んで到着するかしないかの間に、私の腕の中で息を引き取ったんです。「ロミ、ロミ」って必死に呼びかける私たちの声に反応して、長い尻尾をパタンと振って。それからスーッと、それこそ一生分の深い息を吐いて亡くなりました。

養老 それはつらい経験でしたね。

下重 自殺されたような気分でした。彼女は意志のある猫で、いつも外に出たがっていた。マンション住まいで自由にさせてやれなかったことが今でも悔やまれます。それから一年くらい、私は抜け殻のようになって、周囲の人がびっくりするくらいやつれてしまいました。当然です、娘に先立たれたわけですから……。ベランダから〝飛んだ〟ロミは、空を自由に飛び回れる鳥になりたかったのかもしれない。そう、ロミは鳥になったんだわ、と自分に言い聞かせていました。

養老　それで『ロミは鳥になった』（講談社）っていう本を書かれたんですね。

下重　ええ。私のマンションは広尾にあるんですが、周囲に木がいっぱい生い茂っていて、ベランダにはいつも決まった鳥がやってくるんです。そのうちの一羽がいつも部屋の中をのぞき込む。それはロミなんじゃないかしら、って。このような考え方について、養老さんはどう思われますか。

養老　いいと思います。ブータンなんかでは当たり前の考え方ですしね。昔、ブータンで食事をしていた時、隣席の人がコップのビールに落っこちたハエをつまみ上げて、放してやっていた。こちらをちらっとみるなり、少し照れたような顔をして「お前のおじいちゃんかもしれないだろ」っていうんです。

下重　いわゆる輪廻転生《りんねてんしょう》ですね。素敵な考え方ですよね。

養老　霊魂不滅なんていう話よりも、生まれ変わりっていう考え方は納得がいきやすいでしょう。死んだらその次はどういう姿に変わっちゃうかわからない。犬になっても、鳥になっても、それこそハエになっても不思議はありません。そもそも前世の記憶がないわけだから、生まれ変わりをしたのかどうかもわからない。だから、「死んだらどうなるか」なんて心配することに意味はないんです。僕個人としては、「生まれ変わり」ということに対する思い入れはないけど、仏教というのはすごく上手に物ごとを考えているなと感心します。

下重　自分にわかっているのは、「今、自分が生きている」ということだけですものね。自分が死んだあと、どうなるかなんてわからない。ただ私はね、自分自身が生まれ変わりたいとか、それを信じているという話ではなく、そういう考え方が好きですね。

ものいわぬ猫たち、それゆえの魅力

下重　私にとって、ロミはかけがえのない存在でした。大きな耳をピンと張って、じっと私の目を見つめていたロミ。その深い眼差しを、今でもまざまざと思い出します。私の心をわかってくれているし、わざわざ言葉にして何かを伝える必要などないという感じでした。養老さんも朝起きると、まるの頭をポンと叩いて「ばか」って声を掛けるのが癖だったと書かれていましたけど、私たちはどうして、これほどまでに猫に惹かれるんでしょうね。

養老　人間と違って、ものをいわないからじゃないですか。ものをいったら憎たらしくなることもあるかもしれない（笑）。それから、その「いわない」部分を自分で想像して、いろいろ考えたりしますよね。

下重　なるほど、喋らないからこそ、こちらがいろいろ思いを入れられる……。だからこそ、彼らを失った時のショックは大きいのかもしれませんね。養老さんは、まるを失った悲しみとどう向き合っていますか。

養老　仕方がないから、最近はカラスをかまっているんですよ。そこに電柱があるでしょう？　そのてっぺんにいつも同じカラスがいて、よくこちらの様子を窺ってる。まるがいた頃は、さすがに近くまでは来なかったですけど、よく食べ物を盗みにきていました。たとえば、買い物から帰ってくるでしょう。車のところにちょっとスーパーの袋を置いておくと、目を離した隙に、肉だけ盗まれたりする。しゃぶしゃぶ用の肉なんかが、忽然《こつぜん》と消えているんです。玄関に行って戻ってくるまでの短い間なんですが、電柱の上からじっと見つめていて、一瞬のチャンスを逃さないんですよ。

下重　カラスは賢いですよね。ある時、近所の公園の水飲み場でおじいさんが水を飲んでいたんです。そしたら、カラスがその様子を観察していて、おじいさんがやった通りに蛇口をひねってお水を飲んでいました。驚きましたよ。さすがに蛇口は閉めなかったけれど（笑）。

養老　それはそうだね、カラスにはそんなことする必要はないからね。

下重　カラスで思い出したんですけど、わが家の近くの公園に住んでいた、「サンちゃん」という猫がいるんですね。近隣の人たちが世話をしている、いわゆる〝地域猫〟で、皆で小屋なんかもつくってかわいがっていたんです。このサンちゃんというのがそれは賢い子で、道路を渡る時にも「右見て左見て、また右見て左見て」とやるくらい用心深いのですが、なぜか自分がもらったごはんの一部を、近くにいるカラスのために残すんですよ。

養老　わざとあげているわけですね。

下重　はい。どうしてそんなことをするんだろうと不思議に思っていたのですが、最近になってその理由がわかったの。サンちゃんのこと、そのカラスが空から見張ってやっているんですよ。危害を加えるような輩が近づかないように。カラスからすれば、サンちゃんがいなくなったらエサがもらえなくなるので困ってしまう。だからちゃんと守っているのね。

養老　外で生きている猫はたくましいですね。

下重　本当にね。このサンちゃんのように、外でたくましく一匹で生きている猫のことを「野良猫」といったりしますけど、私はこの呼び方があまり好きじゃない。自由気ままに生きているのを尊敬こそすれ、失礼じゃないかと思うんです。養老さんはどう思いますか。

養老　猫にしてみれば、どうでもいいことでしょうね。そもそも、自分がどう呼ばれているかなんてことに興味はないでしょうし。

下重　おっしゃる通りで、猫は猫ですよね。自由気ままに生きているという意味では、私だって「野良猫」みたいなものですよ（笑）。

媚び猫なんてみたくない

下重　どこでどんな風に暮らしていようと、猫は猫よね。ただ、以前「猫カフェ」に取材に行ったことがあるんですけど、あそこにいる猫は、私はちょっと苦手だった。すごく人間に媚びているように感じたんですね。もちろん、ごはんが欲しい時とか甘えたい時にはどんどん媚びればいいんだけど、猫カフェにいた子たちはそういう自分本位な感じじゃなくて、ちょっと無理しているというか、何だか表情が死んでいる気がして……。「媚び猫」なんて、私はみたくないの。

養老　猫カフェは鎌倉にも一軒あって、以前テレビの取材か何かで僕も行ったことがありますが、とくに感想はもたなかったですね。周りからは「まると比べて、どうですか」なんて聞かれたりするのだけど。まあ、生物多様性じゃないですけど、いろんな猫がいるなあ、って思うくらい。

下重　そうね。まると比べるっていうのも無茶な話です、別の子なんですから。

養老さんは、あえて感想をもたないようにしていらっしゃるのかもしれないわね。

猫カフェに関しては、殺処分されるような子たちを救う大事な役割を果たしていることも知っていますし、運営する人たちも相当な信念をもって取り組まれているでしょう。本当に頭の下がる思いですけど、私はどうしても好きになれないの。人間に媚びる姿をみるのがつらいんです。たとえば普段、周囲に媚びて生きている人が猫カフェに行って、今度は猫がその人に媚びる。そこに「癒やし」はあるのかしら、って思ってしまう。

養老 たしかに、犬と違って、猫はあんまり人間に媚びませんからね。

下重 養老さん、犬をお飼いになったことはありますか。

養老 ありますよ。でも、すぐに死んでしまうのであまり飼いたくありません。かわいそうでね。昔は交通事故に遭うことも多かったでしょ、それから病気にもなる。僕が若い頃なんて、ジステンパーに感染して犬が死ぬことは珍しくありませんでした。

下重　致死率の高い感染症ですね。たしかに昔は多かったように思います。

養老　僕が高校生ぐらいの時、うちにアメリカン・コッカー・スパニエルという血統書つきの犬がいたんです。もともとは経団連の事務総長をやっていた人のお宅で番犬として飼われていたんだけど、泥棒が入ってもぜんぜん吠えなかったということでお払い箱になったんです。うちは母が医者をやっていて、そのお宅に往診に行った時にそのまま引き取ってきた。母は何でももらってくる人だったからね（笑）。でも、もらってくるばかりで自分ではいっさい世話をしないものだから、僕が世話をしていました。すると、なぜ番犬にならなかったのかという理由がわかった。ある時、そのコッカーを連れて虫採りに行ったんです。一緒に山の尾根まで行ったところ、急にその犬がダーッと走っていってね、竹やぶに飛びこんでそこに隠れていた鳥を追い出したんです。驚きましたよ。そこで初めて、こいつが「猟犬」だとわかった。

下重 それでは、番犬は務まりませんね。

養老 そうなんです。こいつの仕事は、野山に隠れている鳥を飛び立たせることで、人間はそれを撃つ。それなのに、家の中で飼って泥棒の番なんてさせておくからおかしなことになる。犬もちゃんと、その向き不向きに合わせた飼い方をしてやらないとかわいそうなんですよ。

「血統書つき」には信用を置かない

下重 そのコッカーはしばらく飼っていたんですか。

養老 ええ。ただ、頭のいい犬ではありませんでした。むしろ、「ばか」でしたね（笑）。だから、僕は血統書つきの犬っていうのはあまり信用しない。純血で交配を繰り返してきたからなのか、動物としてちょっと不自然なことになってしまっているんですよ。

下重　たとえば、どのあたりが不自然なんですか。

養老　その犬はメスだったのですが、僕の姉が、血統書つきの犬なんだから血統書つきのオスと掛け合わせればいいって言い出して、ほどなくしてお腹に子どもができました。それである日、家で晩ごはんを食べていたら、犬小屋のほうから物音がする。駆けつけると、赤ちゃんを二匹出産していたんです。ただ、二匹ともすでに亡くなっていました。犬というのは、羊膜に包まれて生まれてきて、それを母犬が破ってやるわけですが、それをやらなかったので窒息死してしまったんです。動物として、こんな出産はあり得ない。

下重　自力でお産ができなかった、と。

養老　そうなんです。仕方がないので、そこからは僕が産婆をやった。結局、三匹を取り上げて、僕が羊膜を破ってやりました。人間の力を借りないと、出産ができないなんていう動物が、自然界にいますか？

下重　だから「血統書つき」っていうのをあまり信用しないのね、養老さんは。

養老　ええ。ただ、実はまるも一応、血統書がついているんです。

下重　それは意外ですね。そもそも、まるはどういう経緯で養老さんのところで暮らすようになったんですか。

養老　うちの娘がブリーダーのところからもらってきたんです。しかも、実力行使でね（笑）。娘はずっと猫を飼いたがっていて、僕も賛成だったんですが、実は女房が猫、ダメだったんですよ。そこで、女房がロシアへお茶を教えに行っている間に、娘がブリーダーのところへ行って勝手に連れて帰ってきたのが、まるなんです。

下重　奥様もさぞかし驚かれたでしょう、帰国したらいきなり猫がいるわけですから。

養老　驚いたでしょうね。でも、もういるわけですからどうしようもない。その後は仲良くやっていましたよ。ロミはどうやって下重さんのもとに？

下重　私の友人が引き合わせてくれたんです。以前、私が細身の猫が好きだと話していたことを覚えていてくれて、「エンピツみたいな細い猫がいるから引き取らない？」って連絡があった。話に聞いていた通り、本当に痩せこけていて耳しかないっていうくらいでした。これ、ロミの写真です。

養老　ウサギみたいに大きな耳ですね。

下重　そうでしょう。この友人の妹さんは獣医に嫁いだのですが、ロミはそこで安楽死させられる寸前だったんです。アビシニアンのお混じりで血統書とは無縁でしたから、飼い主から「処分してほしい」と依頼があって、病院に持ち込まれていた。たまたま妹さんのもとを訪れていた私の友人が、檻の外へ出たがって必死に鳴いているロミをみて、「この耳の大きな子はどうしたの？」と尋ね、かわいそうに思って私に連絡を寄こしたのです。その後ロミは、はるばる静岡から新幹線に乗り、彼女の膝に抱かれてわが家へやってきました。

モグラが部屋を走り回っていた朝

養老　下重さんとロミの縁もそうですが、猫との出会いには不思議なものがありますよね。

下重　本当に。実はロミが亡くなったあと一年くらいして、新しい猫を迎えたのですが、その子との出会いもちょっと変わっていました。待ち伏せされたんです。

養老　ほう。

下重　ちょうど冷たい北風が吹き始めた頃でした。ある晩、つれあいと食事に出かけようとしたら、うちのマンションの前で、枯れ葉の中に埋まってこちらをみていたんです。そのあと、帰宅したらまだそこでじっとしている。ずっと待っていたような様子で、私たちのほうも我慢できなくなって近づいたら、つれあいの肩へぴょんと飛び乗ったのよ。そして、そのまま家についてきちゃってわが家で暮らすようになったんです。ロミは気難しいところがあって、なかなか余所の人に心を許さなかったけれど、この子はフレンドリーでね。誰にでもよく懐いて愛される、それはかわいい子でしたよ。白黒の猫で、「サガン」と名づけました。

養老　人もいろいろ、猫もいろいろですね。まるの先代、さらにその前にうちにいた猫は、すごく我が強いというか、猫らしいしっかりとした性格でした。

下重　猫らしい性格？

養老　何でも捕まえてきちゃう。今の家に引っ越してきた当日は、環境が変わったことに戸惑ったのか、押し入れの布団にくるまっていました。前の家の匂いがしたんでしょうね。でも、その翌日には裏山なんかを駆け回って、野生のハツカネズミを二匹捕ってきた。

下重　わかります、猫って本当にいろんなものを捕まえてきますよね。それで、必ずといっていいほどそれをみせにくる（苦笑）。

養老　自分の体よりも長いヘビを捕ってくることもありましたよ。一番驚いたのはモグラ。ヒミズモグラというんだけど、ある朝、この部屋を走り回っていました。それは大学にもっていって標本にしましたね。

下重　それで思い出しました。初めて一緒に暮らした猫が「ニニ」といったんですが、ある時、家に帰ってくると何か大きなものを口に咥《くわ》えているの。よくみてみたらなんと、それは白いニワトリだったんです。しかも、ニニの体と同じくらいの大きさの。そこは住宅街で、近所にニワトリを飼っているお宅なんてないはずなのに、どこで捕まえてきたんだろうって仰天しましたよ。

養老　そのニワトリはどうしたんですか。

下重　慌てて取り上げました。そうしたらニニが怒って怒って。幸い、ニワトリのほうはぜんぜん傷ついていなかったので、農家のお家を訪ねていって事情を話して、そこで飼ってもらえることになりました。二〇代の頃の話です。

養老　猫と生活していると、驚かされることが多いですね。

下重　まったくです。さっきお話しした、サガンもそうですよ。ある夏、一緒に軽井沢の山荘へ行ったんですが、夜、私が玄関のカギを閉めるのを忘れてしまってサガンが外へ出ていっちゃったんです。ガラス戸に何度か爪を引っ掛けて、戸を開けたみたいなんですね。その時はもう心配で心配で、「このまま軽井沢に住み続けるしかない」って思いましたね。それで、泣きながら一晩中探し回ったけれどぜんぜん姿がみえない。でも、翌朝になったら、「あ、いたいた」とつれあいが声を上げたの。外に出ていってしまったと思い込んでいたけど、実は私たちの部屋の窓の正面にある唐松の一番上にいたんです。

養老　木登りしたのはいいけど、怖くて降りられなくなっていたわけですね。

猫は体の声を聞く

下重　まるは、こういう無茶なことはやらなかった？

養老　ええ、ぜんぜんダメです。そもそもやる気がない（苦笑）。先ほどもお話ししたように、とにかく動くのが嫌いでしたしね。

下重　やはりまるは、ほかの猫とは違っていたのね。狩りをするわけでも、いろいろな場所を散歩して回るわけでもなく、ただそこにいるだけ。このユニークな性格というのは、小さい頃からだったんですか。

養老　徐々にそうなったと思います。あとでわかったことなんですが、実はまるは生まれつき心臓が悪かったんです。だからもともと、体を動かすとしんどい部分があったのでしょう。成長するにつれてそれが顕著になって、だんだん動かなくなった。そして、あんな性格に固まっていった……という感じだと思います。まあ、今になって解釈をしてみれば、という話ですけどね。

下重　あの堂々とした佇まいには、そういう体の影響もあったのかもしれない、と。まるは、自分で自分の体のことがわかっていたのね。

養老　そうですね。何となく、そんなに無理はできないということを感じていたのかもしれません。

下重　それでいうと、私も感心したことがあります。サガンが、急にエサをいっさい食べなくなったんです。それが一週間くらい続いて、骨と皮みたいになってどんどん衰弱していった。もともと腎臓もちょっと悪かったので、「これはもうダメかもしれない」と不安になっていたんですが、ある時、私が夜中にキッチンへ行くと、うしろをついてきてニャーっていうの。それまで声も出なかったのに不思議だなと思って、試しに缶詰をコンコンってやったら、顔をすりつけて意思表示するんですよ。それをパクパク食べたと思ったら、あっという間に回復しちゃったんです。

養老　なるほど。体調が悪い間はじっとして、回復のタイミングを探していたんですね。

下重　ええ。これはすごい知恵だなって感心しましたよ。人間は、ちょっとでも具合が悪くなるとすぐうろたえるでしょう。それで、薬を飲んだりいろいろな病院を渡り歩いたりして、かえって悪くなることもありますよね。でも、猫は体調に異変を感じると、しっかり「体の声」に耳を傾ける。回復するために最適な行動を取るじゃないですか。このようなことは、まるにもありましたか。

養老　死ぬちょっと前、夜になると水屋《みずや》――うちの女房がお茶を点《た》てるもので、その奥には茶室もあるんですが、そこへ行っては炭を舐めていました。昼もちょっと庭に放すと、積んである石を舐めていましたね。

下重　猫は胃の中に毛玉が溜まるとその辺に生えている草を食べたりしますが、それと似たような行動だったのかしら。

養老　そういえば、元気だった頃から草はよく食べていましたね。石や炭を舐めていたのも、何か自分の体が欲するものがあったのかもしれません。今の自分に何が足りないのか、自然に感じるのでしょう。人間も動物の一種ですから、もともとはそういう能力が備わっていて、自分の不調を感じとることだってできるはずなんです。たとえば狭心症や心筋梗塞のような病気というのは、必ず最初の発作があるわけですが、その時に「これは重病だ」ということが直感的にわかるらしいですね。それまでの人生でまったく経験したことのない事態だから、「これはまずい」って本能で感じると。

生き物としてお粗末な人間

下重　そういえば、「病院嫌い」として有名な養老さんも、少し前に入院なさいましたよね。

養老　今から二年半ほど前ですね。まず体重が二キロ減って、それから全体で一〇キロ以上も減った。この歳で体重がそこまで減少するっていうとだいたい悪性腫瘍ですから、「おかしいな」とは感じました。そんなある日、丸二日間ずっと眠っていたことがあったんです。具合が悪いというか、とにかく眠くて眠くて仕方がない。これはまともじゃないと思って、病院に行って検査をしたら、重度の糖尿病から心筋梗塞を発症していました。

下重　ある意味、養老さんも、猫のように自分の「体の声」と向き合っていたわけですね。まると同じですよ。

養老　でも、まさか自分が心筋梗塞になっているとは、まったく気付きませんでした。胸も痛くも何ともないですし、苦しくもなかったんです。糖尿病で心筋炎を起こしていたので、まったく自覚症状がなかったんですね。その日は検査だけ受けて帰るつもりが、結局そのまま入院になってしまって、治療のためにステントを入れました。

下重　そのあたりの経緯は『養老先生、病院へ行く』（エクスナレッジ、中川恵一氏との共著）っていう本にも書いてありましたね。その後、お体の具合はいかがですか。

養老　よくわからないですけども、今、元気にしてるところをみると、大したことじゃないと思いますよ。先週もＣＴを撮りに行ってきましたけど、何ともありませんでした。

下重　かねてから「医療システムに巻き込まれたくない」ということをおっしゃっていますけど、やはり検査というのはあまり好きではないですか。

養老　僕はもう慣れていますから、どうってことはない。でも、医者に「来い」っていわれたから受診するだけで、自分から積極的に行くことはないですね。

下重　でも、お医者さんにいわれたら、素直に病院へいらっしゃるんですね。

養老　昔から、無駄な抵抗はしないようにしてます（苦笑）。下重さんはいかがですか。

下重　実は、これまであまり検査を受けたことがなくて、この年齢になって初めて自分の心臓が奇形だということがわかったくらいです。細かいことはよくわからないですけど、普通の人と違って、私は動脈と静脈が直接くっついているんだとか……。まったく問題ないと思ってこれまで生きてきましたから、驚きましたね。それから、ちょっといいにくい話なんですが、先日血便が出まして、心配だから大腸の内視鏡検査を受けました。それでポリープを二つ取ったんですが、画面に自分の大腸が映し出されたのが美しくて、少し盛り上がったところがポリープなので、それを切ってつなぎ合わせる。面白くて食い入るように見つめていたら、お医者さんから「そういう人はかなり珍しいですよ」っていわれてしまいました。

それにしても、猫は自分の体の具合の悪さが自分でわかるのに、我々はいちいち検査をしなくちゃわからない。生き物としてはずいぶんお粗末ですね。

養老　そうですねえ。日本の年寄りなんて、隙あらば病院に行こうとするからね。

下重　さっき養老さんがおっしゃったように、本来は人間にも、自分の体のことを察知する能力が備わっているはずですよね。なぜ、わからなくなってしまったのかしら。

養老　周りがああでもないこうでもない、と好き勝手にいろんなことをいうからじゃないですか。そういう「雑音」には耳を貸さないで、自分自身の体とちゃんと向き合っていれば、何をどうすればいいのかわかるかもしれません。猫のようにね。

八五歳を過ぎて、まるの気持ちがよくわかるように

下重　体の不調だけでなく、猫は、自分の死期が近づくとなんとなくそれを察知できるようです。

養老　「死に場所を探す」というのは、よくいわれますね。

下重　まるにもそういうことはあったんですか。

養老　それが、死ぬ少し前に一度いなくなったんです。「どこ行ったんだ」って探してもぜんぜん見つからない。娘に連絡したら、東京から慌てて駆けつけてきてね。大捜索をしたら、うちの脇から出てきたんです。もともと体が大きくて、よく太った猫でしたが、左足が右足の倍くらいに浮腫《むく》んでいた。それから一カ月くらいして、心不全で死にました。胸水、それから腹水も溜まっていたのを、獣医さんに連れていって抜いてもらいましたが、それで完治するわけではないですから……。

そうやって「病院通い」させてしまったのがまるにとっていいことだったのかどうか、今でも自問します。改めて考えると、あの時に姿を消したのは、かなり具合が悪くなっていてそろそろ死期が近いことを、まる自身が悟っていたからかもしれません。

下重　生き物としての高潔さを感じます。一方で私たち人間は、自らの死期にはなかなか気付くことができませんが、前兆としての「老い」というのは感じますよね。私はこれまで、自分の年齢というものをあまり意識することなく生きてきたんですが、さすがに八五歳を超えたあたりから、やはり体の衰えというものはちゃんとあるんだなと感じるようになった。

私には農業雑誌『家の光』の編集者をしていた叔母がいたのですが、女優の原節子のように凛として美しい人で、歳を重ねてからもすごくエネルギッシュでした。そんな叔母がよく、「暁子さん。私ね、八〇歳の頃は平気だったの」「それが、八五歳くらいから急に体が変わってきた。堪《こた》えるのよ」っていっていたんです。私も今、八六ですから、ようやくその言葉の意味がわかるようになってきました。体は嘘をつかないですね。

養老　それは同感です。僕も今、八五歳ですが、体の変化を感じています。以前であれば、今日みたいに天気のいい日は必ず外へ出て虫でも探したり、駅前まで散歩したりしていたんだけど、最近は外に出るのが面倒くさくなってきたんです。

下重　体の調子がよくないということですか。

養老　それが、そういうわけでもない。家の前の急な坂道を上り下りできますし、いざ歩き始めてしまうと気分がよくなるんです。でも、その前に家を出ようという気持ちが起こらない。つまり、まるのような状態になっているんです。

下重　先ほど、「猫と飼い主は似てくる」というお話をしましたが、歳を重ねることで、ついにまるになってしまったというわけね。

養老　そうです。七〇代の頃は一時間くらい平気で散歩してたけど、とくに箱根の別荘にいる時などは散歩の時間がすっかり短くなりました。以前は虫を探して山を歩き回っていましたが、今は出かけようとも思わない。ここにきて、まるの気持ちがよくわかるようになりました。

無駄な抵抗はしない

下重　歳を取ってからの体の変化ということでは、「眠れなくてつらい」という悩みもよく聞きますね。実は私、昨夜は一睡もできなかったんです。どこか具合が悪いわけでもないし、心配事があるわけでもない。養老さんにお会いするから緊張しているのかしらとも思ったけれど、それほど繊細な神経の持ち主でもないんですよ（笑）。結局、原因はわからずじまいですが、眠れないというのはかなりつらいんだなとしみじみ思いました。

養老　僕もそうですよ。昨夜なんかも、夜中の二時頃にいったん目が覚めて眠れない。「もう起きちゃおうかな」とも思ったんですが、いくら何でも早いだろうと思い直して、また横になってウトウトしているうちに、四時半頃にはもう起きちゃったんです。

下重　養老さんにもそういうことがあるのね。何だか安心しました。

養老　僕の場合、とくに乾燥肌もあってよく眠れないんですよ。かゆいっていうのはなかなか厄介ですよ。寝る時もなかなか寝つけませんし、夜中にかゆくて目が覚めてしまう。

下重　つらいらしいですね。実は私のつれあいも乾燥肌なんですよ。一生懸命、いろいろな保湿クリームを試していますが、なかなかよくならないみたいで……。こんな風に、眠れないという時にはどうすればいいのかしら。私の場合は、「何が何でも寝なきゃ」と布団にしがみついていると、余計に頭が冴えてきてしまいます。

養老　僕の場合は、そうなってしまったらもう寝ようとは思いません。さっきもいったように、もう目が覚めてしまったのであれば、そこで無駄な抵抗はしないで、さっさと起きちゃう。

下重　寝ないと、あとで体がしんどくなりませんか。

養老　そしたらその時に寝ます。自然に眠たくなったら横になるっていう感じですね。「寝よう、寝よう」と無理したって眠れるもんじゃないし、かえって体にも悪いでしょう。猫もそうですね。眠くない時は、深夜だろうが早朝だろうがウロウロと動き回っているし、眠い時は、朝だろうが昼だろうがグーグー寝てる。

下重　まさしくそれは、どっしりと構えて動じない、まるのような生き方ですね。それに比べると、人間というのは器量が小さい。翌日の仕事に備えて早く寝なくちゃ、なんていう頭があるから、焦って余計に眠れなくなってしまう。

養老　たぶん、猫は不思議がっていますよ。今日みたいな絶好の昼寝日和に、なんで人間は起きて活動してるんだろう、って。

下重　「体の声」をもっとよく聞いて、心の赴くままに……。なんだか急に横になりたくなってきました（笑）。まさしく「老いては猫に従え」ですね。

第二章　ヒトという病

「ともあろうものが」という呪縛

下重　実は私たち、猫を愛すること以外にも、意外な共通点があるんですよ。

養老　何でしょうか。

下重　東京大学とＮＨＫという「お堅い」巨大組織で働いて、そのあと独立をしたということです。

養老　なるほど。ＮＨＫは僕も付き合いがかなりあるので、内部の話をよく聞きますが、東大と同じですごく大変なところみたいですね。ご苦労さまでした（笑）。

下重　東大ほどではないとは思いますが、たしかに、あの四角い箱のようなテレビのフレームの中に毎日出演して枠にはめられた生活で、自由が奪われる気がして嫌だった……。その一方で、ＮＨＫでのアナウンサー経験がなかったら今までの自分はなかったし、私自身もろくなものにならなかっただろうという気もするんです。もともと自分勝手でいい加減な人間ですから、いろいろな意味で足腰が鍛えられた。

養老　僕も東大にいたことで、すごくいい勉強になりました。あの時に一生分の「保険料」を払った、っていう感じですよ。

下重　それは本当にそうですね。ただ、やはり公共放送のアナウンサーということではかなり息苦しさも感じていて、それに耐えるのがつらかった。とくに当時は、今とは違ってテレビって皆がみていたんです。スマホもパソコンもなかった時代ですからね。そういう中で、アナウンサーという「人からみられる仕事」には想像を絶するようなプレッシャーがあったし、それこそ、兜《かぶと》を被って鎧《よろい》も着て、自分を守るために肩肘を張っていた気がします。養老さんも、東大時代はそのような「鎧」をつけていましたか。

養老　そうですね、大学にいるときはそうだったと思いますよ。

下重　東大の先生らしく振る舞わなければいけなかった?

養老　そうですよ、だって周りが皆そうなんだもの（笑）。赤提灯にいたりすると、「先生、こんな店で飲んでいていいんですか？」なんて聞かれてしまう。東大の先生はもっといい店で飲んでるはずだという、世間の常識みたいなものをよく押しつけられていましたよ。そういう意味では、東大とＮＨＫというのは日本の象徴みたいなところがありますね。

下重　あまりよくない意味でね。

養老　そうです。僕はよくいっているんですが、「ともあろうものが」といわれるような組織に属するのはやめたほうがいいですよ。ＮＨＫのアナウンサーともあろうものが、東大の先生ともあろうものが、って本当にばかばかしいでしょう。

小言や説教を聞き流す力

下重　「ともあろうものが」というのは、ＮＨＫ時代、私もよく先輩からいわれたものです。お互い、なかなか大変な組織にいたわけですが、そこで身についたこともあると思うのね。私の場合は、「聞き流す力」。アナウンサーの仕事というのは、事実を正確に喋らなくてはいけない。当然、きっちりしなきゃいけないところはあるんだけれど、どう考えても細かすぎることや、本当にどうでもいいことをネチネチといわれることもあったんです。次第に、それを無視するのが得意になりました。

養老　怒られませんでしたか。

下重　もちろん、文字通り無視してしまうと問題になりますから、「ハイ」と最低限の返事だけして、あとは右から左に聞き流すんです。いい子ちゃんタイプの同僚は「ハイ」って答えて、いわれた通りにやろうと努力するんだけれど、私の場合はぜんぜん違う。「馬鹿みたい」って心の中では舌を出しているわけです(笑)。すると、相手もだんだんわかってくるんですね。最初のうちは、「生意気なやつだ」とか「わがままだ」とか、いろいろ悪口もいわれるけど、それでも同調しないで自分を貫いていると、「あいつには、どうも自分の考えがあるらしい」と風向きが変わってくる。私はこれで、だいぶ生きやすくなったんです。逆に、「あいつの考え方はちょっと違うから、意見を聞いてみよう」なんて認められるようになった。

養老　僕の場合、あまり抵抗しないんです。しかも当時は国家公務員だったわけですから、いわれたことを無視していると法律違反になってしまいます。ただ、先輩にうるさいのがいてね。事あるごとにいろんなことをいってくるんだけれど、あまりにお説教が長くなった時は、途中で「ちょっと失礼」といって、トイレへ行くふりをしてました。

下重　ほら、それも一つの「無視」じゃないですか（笑）。「ともあろうものが」なんていう言葉が出るような組織においては、お説教やお小言なんて「聞き流す」くらいがちょうどいい。いちいち真に受けていたら身がもちませんからね。

北朝鮮のマスゲームをみると今でもゾッとする

下重　ここまでお話ししてきて感じますが、私たちには「協調性がない」という共通点もあるようですね。

養老　そうかもしれませんね（笑）。

下重　私、小さい頃から学校の通信簿には必ず、「協調性がない」って書かれていました。とにかく他人と一緒に何かをやるっていうのが苦手で、修学旅行や夏の林間学校もすごく苦痛でした。集団行動になった途端、どうやって皆と喋っていいかわからなくなってしまうんです。

養老　現在、そのあたりは価値観が変わったみたいですね。昔は「協調性がない」というのはよくない評価でしたけど、今は「協調性なんかないほうがいい」

という感じで。僕にしてみればどうでもいいことなんだけど、「協調性がない」というのは「あなたは個性を発揮できるタイプだ」って褒められているような感じらしいですよ。

下重　なるほど……。私たちの時代、子どもの個性なんてほとんど認められませんでしたね。養老さんは子ども時代、集団行動は平気でしたか。

養老　まったくダメでした。当時は、だいたい朝九時くらいに警戒警報が鳴って、集団登校をする。いったん近所の空き地に集まって、そこから先はガキ大将が統率してゾロゾロと小学校に向かいました。当時は何でもかんでも集団行動だったから、つらかったですね。しかも、「集団行動しましょう」なんて感じじゃなくて「集団行動しろ」ですからね。

下重　拒むことはできませんよね。ひどい時代でした。

養老　しかも、僕はその後、鎌倉の栄光学園に入ったんです。ここの校長はヒトラー・ユーゲント（ヒトラー青少年団）式だったので、戦後、「日本でナチの教育を受けたのは君たちだけだ」なんていわれました。

下重　では、少年時代に集団主義を叩き込まれたわけですね。

養老　ええ。ですから、NHK時代の下重さんと同じです。何かいわれても、「はい」って最低限の返事だけして、あとは右から左へと聞き流していました。ただ、今でも北朝鮮のマスゲームをみるとゾッとします。あれは、僕たちが子どもだった時代の日本の光景そのものですから。

下重　そのお気持ち、よくわかります。ちなみに、栄光学園ではどういう教育を受けていたんですか。

養老　僕らの時代、この学校の成績には「操行、勉学、礼儀」という三つの基準があったんです。操行はわかりますよね、休まずしっかりと登校しているかどうか。ところが、勉学というのには「神様から与えられた能力をどこまで発揮しているか」というちょっとややこしい定義がついていて、単に試験の成績がいいだけじゃダメなんです。「優、良、可」のうち、僕はいつも「良」ばかりでした。もっと勉強すれば、能力が発揮できるはずだっていうんです。

それから、礼儀にも細かいルールがあって、「廊下は走らない」というような行動規範のほかに、ちゃんと制服を着てくるとか、帽子を忘れたら家まで取りに帰るとかいうルールがありましたね。

下重　制服っていうのは嫌ですね。中学の時はセーラー服だったから、それを仕方なく着ていましたが、高校ではブレザーだったから、自分だけの制服をつくって通学していたんです。

養老　オーダーメイドですか。

下重　ええ。学校指定の制服は普通のシングルだったのですが、これは私にはぜんぜん似合わないと思って、自分でデザインしてダブルに仕立ててね。それから丈を短くしました。スカートもひだ――今でいうプリーツですね、これが少なかったので、ひだがたくさんあるスカートに変えました。当然、先生に呼び出されて怒られた。でも、「私に似合わないものは着ません」っていって、卒業するまでそれで通しました。

養老　それは勇ましいですね。まあ、制服だとか行動規範だとか、そういう風にルールを細かく決めておいたほうが、今のような社会では都合がいいんでしょう。

飲兵衛は本音で喋るからいい

下重　協調性がないながらもＮＨＫという大きな組織に入って仕事をしていたわけですが、私、二〇代の頃はだいぶお酒に助けられた気がします。今だからいえることですけど、当時は二日酔いで頭が痛くても平然とした顔をしてテレビに出てました（苦笑）。養老さんはお酒にかなりお強いそうですが、やはり東大時代にたくさんお飲みになったからですか。

養老　そうですね。まあ、やけ酒ですよね（苦笑）。若いうちはいろんなことがありますからね。それで飲んでいるうちに強くなりました。下重さんも、かなりお酒はお強いと聞いていますが？

下重　強いというわけでもないんですが、若い頃から、飲んでもほとんど調子が変わらないし顔にも出ません。だから、飲ませてもあんまり面白みはないかもしれない。新人の時に名古屋放送局に配属されて、荒田《あらた》寮という社員寮に入ったんですが、そこで、先輩や同僚たちと飲んでいるうちについたあだ名が、「荒田のオロチ」。

養老　それはかなりの大酒飲みじゃないですか（笑）。

下重　ただ、もともとはお酒が好きというよりも「酒飲み」が好きで、酒を飲まない人とは何を話していいかよくわからなかったんです。酒飲みのほうが自分の世界で気ままに遊んでいるような気がして、私自身もそういう人たちの仲間に入っていろいろな話をするのが好きでした。少人数でバーの片隅に座って、しみじみ喋っている時間がとてもいい。

養老 酒を飲むようになると、いろんな人と付き合えるでしょう。僕はそれが面白かったんです。それまで付き合ってこなかったような人との出会いは、やっぱりお酒を介してというのが多かった。

下重 お酒がつないでくれるご縁というのは、たしかにありますね。私も若い頃、銀座の「まり花」という文壇バーへどなたかに連れていってもらったら、そこで吉行淳之介さんと知り合った。その後、当時住んでいた家の近所のパチンコ屋で吉行さんにばったり出会ったんです。それからというもの、「まり花」で顔を合わせるたび、吉行さんはニヤッとして「下重さん、パチンコやってますか」って聞いてくるのよ、挨拶ですね。それがすごく可笑しくて。こういう楽しい思い出も、お酒があってこそですね。

養老　酒の席って、社交辞令がないところがいい。飲兵衛というのはだいたい本音で喋るじゃないですか。そういう意味では、つまらない話をしないから楽しいですよ。

下重　そういえば、『バカの壁』（新潮新書）もお酒がきっかけですよね。新潮社の編集者の石井昴さんが、養老さんとよく飲み歩いていて、その酒の席で養老さんが「バカの壁、バカの壁」って口癖のようにいっていたので、あのタイトルがついたとおっしゃっていました。

養老　そうでした。あの人は、そういう商売の勘のいい人でね。

下重　同じ飲兵衛でも、私はやたらと時計を気にする人が嫌いなの。そういう人を相手にしていると、私なんかはだんだん腹が立ってきてしまいます。せっかく一緒にお酒を飲んで話をしているんだから「今、この瞬間」に集中してほしいって思うんです。終電の時間なんて気にしないで、とことん飲む。それができないなら、酒なんか飲まないほうがいい。

邪魔にならない相手と一緒にいるだけ

下重 ところで、実は鎌倉には私のつれあいが月に一度、お茶を習いにきているんですよ。長谷のほうなんですが、江戸千家の小川宗洋《そうよう》さんっていう先生のところでお世話になっています。

養老 そうでしたか。

下重 ずっとテレビマンをしていて、大学でも教えていたんですが、暇になってからお稽古を始めたんです。長年「切った張った」の世界でやってきた人で、お茶に興味があるとは夢にも思わなかったんですが、いざ始めてみたらすっかり虜《とりこ》になってしまって。養老さんの奥様は、お茶の先生をなさっているんですよね。

養老　ええ、お茶はもう五〇年以上やっていますね。さっきもちょっと話しましたが、うちに稽古場もあります。

下重　養老さんはどこかで、自分自身が好きなことをやっている人は、第三者が好きなものにも干渉しない、ということを書かれていたと思います。

養老　お互いの趣味嗜好をわざわざ理解する必要はないと思うんですよ。ただ自分は好きなことをやるし、相手も勝手にやればいい。

下重　それが当たり前ですよね。私も、夫婦だからといって互いのやっていることを理解しなくていいと思います。それぞれが自分の好きなことをやって、一緒にいたい時だけ一緒にいればそれでいい。干渉し合うなんてもってのほかです。

養老さんは、夫婦というものについてどうお考えですか。

養老　うーん。そもそも僕は、家庭というのはよくわからないんですよ。うちのお袋は相当変わった経歴の持ち主で、田舎の役人の一家に生まれた三人姉妹の長女でしたから、じっとしていると後継にされて婿を取らされるってことで、家を飛び出して東京女子医専（当時）の寮に入ったんです。その後、結婚するけれど離婚して、僕の父と再婚するんだけれど、その父も僕が四歳の時に病気で亡くなって、お袋は一人で小児科医をやっていた。だから、家庭ってものがよくわからなかったんですよ。

下重　実は、私もまったくピンとこない。なんで皆そんなに家族を欲しがったり、お互いにベタベタしたりするのか、わかりません。「でも、お前も結婚してるじゃないか」ってよくいわれるけど、結婚した意識なんかまったくないんです。酒飲み友達の中で、一番邪魔にならない人とたまたま一緒にいるというだけの話なの。とくに、うちのつれあいはごはんもつくってくれるので、家のことをするのが嫌いな私からすればありがたい。お互いが好きなことをやって好きなように暮らせる相手なら、極端な話、男でも女でも誰でもいい。猫だって立派なパートナーですしね。

放っておけば子は育つ

下重　でも私、日本はまだマシなんじゃないかとも思うんです。欧米では、何かパーティのような集まりがあった時、必ずといっていいほど夫婦連れで行くでしょ？　あれは束縛でしかないですよ。実際、海外で暮らしている友人が、「あんなしんどいものはないよ」ってこぼしていました。

養老　もともと、そういう発想は日本にはないですよね。

下重　結婚指輪のようなものも、もともとは海外の由来ですよね。そういう西洋型の縛りつける結婚ではなく、「解放される結婚」があってもいいと思います。

そもそも、私は「家族」っていう言葉自体が好きじゃないんです。父も母も、それぞれ個人としては好きですよ。もちろん、嫌いなところもいっぱいあって、若い頃にはさんざん反抗もしました――半ば、反抗するのが楽しみになっていた部分もあったけど、認めることもたくさんある。でも、家族っていう「単位」になると、途端に嫌になるんです。家族という塊のようなものに、自分が組み込まれてしまう気がするの。動物も、群れ同士での反発ってすごいじゃないですか。自分たちの群れを守ることが使命になって、ひとたび群れの秩序からはみ出るようなことをやると群れから追い出されたりして、結局、一匹で野垂れ死にしてしまったりする。そういう、群れというか、囲われている存在っていうものに対して、私はすごく違和感があったんです。「群れからはみ出たやつ」のほうにずっと興味がある。

養老　そのあたりのお話を、『家族という病』(幻冬舎新書)という本にしているんですね。

下重　ええ。だから、『家族という病』は自分の家のことを書いただけなんですね。でも、予想だにしなかったような反響があって、ある時、蕎麦屋で食事をしていたら、まったく知らない女性が涙ながらに私のところへやってきて、「ありがとうございます」とすごく感謝をしてくれたんです。「何かあったんですか」って聞いたら、家庭のことでいろいろとつらいことがあるんだけど、どこへも吐き出すことができなくて、ずっと一人で苦しんでいたと。私が「一家団らん、という呪縛」のようなことを平然と書いたことが、すごく嬉しかったっておっしゃって。

養老　ご自身の気持ちを代弁してもらえたと思ったんでしょうね。

下重　そうかもしれません。ここまで人を追い詰めるというのは、やはり「病《やまい》」ですよね。本来、ばらばらでまとまらないはずのものを、「家族」ということで束ねようとするから無理が生じるわけです。だから、家族間でいろいろな問題が起きる。そんな無理を重ねていった関係性の中で、子どもがのびのびと育つのかどうか、甚だ疑問です。

そういえば、養老さんは去年（二〇二二年）、子どもをテーマにした本（『子どもが心配 人として大事な三つの力』PHP新書）を出されていましたね。

養老 ええ。ただ、あれは大人に対していっているんです。子どもというのは「自然」の存在ですから、ただ放っておけばいい。大人が余計なことをすればするほどおかしくなってしまうんです。落ち着きのない子どもを、よくADHD（注意欠如・多動症）っていうことがあるけど、子どもなんてのは大概、ADHDに決まっているんだよ。そんなの異常でも何でもないの。「子どもを守ろう」とか「子どもを幸せにするために、大人は何をすべきか」というようなことを心配している人がいますが、大きなお世話でしょう。むしろ、子どもを馬鹿にしていると思います。

死に集中すると生を見失う

下重　子どもを馬鹿にしているという点では、コロナ以降、教育現場でのマスクの強制もすごかったらしいですね。同じクラスメートなのに、入学以来、素顔をちゃんとみたことがないという話も珍しくないって聞きました。パソコンでの遠隔授業を続けている大学も多いようです。

養老　愚かなことです。新型コロナの流行からもう三年くらい経つのに、「とにかく、子どもを死なせなきゃいいんだ」という考えから抜け出せていないですね。「死なない」ということが重要なので、子どもたちが「どう生きていくか」なんてことは二の次なんだよ。

下重　近頃は、目が死んでいるような子どもも少なくない気がします。報道番組のインタビューなんかをみていても、妙にものわかりがよくて、模範的なことをいう「ちっちゃな大人」みたいな子ばかり、よく出ていますよね。もっとも、危なっかしい発言をする子どもは、テレビ側が意図的に映さないのかもしれませんが。

養老　教育のせいですよ。時代がどう変わろうと、若者っていうのは元気なのがいっぱいいいるんですよ、本来はね。それを日本では、子どものうちから缶詰の状態にして、お前の将来のためだとかいって無理やり勉強させるなんていう馬鹿なことをやってるでしょう。一〇代、二〇代、三〇代の死因のトップが「自殺」ですからね。そんな社会は異常ですよ。

下重　本当に……。コロナに話を戻すと、やっぱり「死ぬ」っていうところにばかり注意が向けられていたように感じます。日本人は、「死」というものに取り憑かれているんでしょうか。死をテーマにした本はよく売れると聞きますし、私自身、最近は死を扱ったような本を手に取る機会が増えました。養老さんのご本の中でも『死の壁』（新潮新書）が好きなんです。

養老　老人が増えた社会ではどうしても、死についての話題が中心になってしまいますからね。でも、僕は死に関する議論はあまり好きじゃない。むしろ、嫌いですね。

下重　それはなぜですか。

養老　死ぬっていうことに集中すると、生きることがわからなくなっちゃうから。死についてあれこれ考えているうち、生きているっていうのがどういうことなのか、その部分が抜け落ちてしまうんです。そういう風潮に、若い人や子どもたちまで付き合わせている。少子化になって当たり前です。

「産めよ殖やせよ」なんて余計なお世話

下重　最近、腹が立っていることがほかにもあって。それはね、「子どもを増やせ」です。首相の岸田（文雄）さんは「異次元の少子化対策」なんて、わけのわからない言葉を使っていますが、やろうとしていることは戦時中の「産めよ殖《ふ》やせよ」と何一つ変わりません。

養老 まったく余計なお世話だね。

下重 要するに、囲っておかないと不安なんだと思いますよ。夫なり妻なり、パートナーを囲っておこうというのが「結婚」だし、政府の場合は「家族」という単位で市民を囲おうとしますよね。先ほど、家族という言葉が嫌いだっていう話をしましたけれど、家族というのは「小さな国家」でもあると思うのね。国が人を支配しようという時、家族というまとまりで団子みたいに固まっていてくれたほうが都合がいいでしょう。そして、健全たる家庭には必ず子どもがいなきゃいけない。成長すれば労働力になるし、納税もしてくれる。何よりも重要なのは将来の国の発展だ、という考え方です。そして、家族に号令を掛ければ、一発で「右へ倣《なら》え」となります。戦争の時、私たちはずっとそれをみてきましたね。

養老　その通りです。

下重　あれが本当に嫌だったから、これまでの人生、どうも「群れから逃げる」ということばかりやってきたような自覚があります。でも、群れから逃げるとつらいことも多いですよね。生きにくいから。群れの中でいい子にしているほうが、皆からかわいがってもらえて、はるかに居心地はいいんでしょうけどね。

養老　ずっと楽でしょうね。

下重　いずれにせよ、「子どもを増やせ」はひどいですよ。しかも、何一つ具体的な対策を提示できていないでしょう？　たとえば「結婚しやすい環境をつくる」とかっていうけど、どうやってそれを実現するのか説明しませんね。

養老　そもそも、政策一つでそんな環境をつくれると思っているところが完全におかしい。首相の近くで「ちょっと、それはさすがにおかしいんじゃないですか」って進言できる人がいないんですかね。だとすると、政府の中枢にいる人たちは全員がおかしいよ。

下重　世の中がどんどんおかしな方へ向かっているような気がします。

養老　うん。すでに、だいぶおかしなところへ行ってしまっていますね。

原理研の学生が抱えていた心の闇

下重　おかしいといえば、自民党と旧統一教会の問題もひどい話ですね。とにかく家族が大事、選択的夫婦別姓にも反対だとかいっているのは、自民党も旧統一教会もまったく同じなので、この二つの組織が互いににじり寄っていって蜜月関係を結んだのも当然のような気がしますけど、養老さんは、一連の旧統一教会の報道についてはどうお考えですか。

養老　カルト宗教というのは、どんな社会にもある問題だと思いますよ。素直に自分を出せない人が、仲間が欲しくてそういうものにすがってしまう。なぜそう感じるのかというと、僕も若い時に旧統一教会の話を聞いたことがあるからなんです。

下重　東大の先生だった頃ですか。

養老　ええ。大学紛争が終わったあとで、いろいろな学生の相手をする時に一番苦労したのが旧統一教会の「原理研」でした。大学の中で、信者の学生が「原理研究会」というサークルをつくって、勧誘をするんですよ。それで当時は、創価学会の学生サークルと全共闘と、この原理研という三つの組織がすごく仲が悪くて、学生同士でよく喧嘩をしていたんです。そこで、原理研というのはどういうもんだろうと思って、寮まで行って話を聞いたんですよ。

下重　いかにも養老さんらしい行動です。

養老　学生たちの相手をするのに知らないといけないと思って。当時、駒場に原理研の寮があったのでそこへ行きました。そこでは、信者のおばさんが食事の世話から洗濯まで、寮生たちの面倒をみてあげている。「ああ、居心地がよさそうだなあ」と思いました。さらに、どういう人が集まっているのかと様子をみていたんですが、やっぱり事情を抱えた学生が多かったですね。たとえば、世間の常識から外れた価値観をもっていて人付き合いがうまくいかないとか、親が服役中で心を閉ざしているとか、どこかで生きづらさを感じている生徒たちが集まっている。

下重　孤独を感じているわけですね。

養老　若い人って、友達が欲しいものでしょう。彼らにとって、原理研は「必要」な居場所であって、だから存在するものなんだなと思いましたよ。どんな社会でも、実は根っこの部分にあるのはこういう問題です。

下重　宗教二世の問題にも注目が集まっていますね。親が、自分の信仰を無条件に子どもにも押し付けるわけだけど、それがカルト宗教だったから非難を浴びたものの、親から子への価値観の押し付けなんて、実はどこの家庭でも当たり前のようにやっています。

政府だって似たようなものですよ、「お国のために我が身を犠牲にしろ」というようなことを、戦時中は平気でいってきたわけですから。やっぱり私は、「右へ倣え」がまかり通るような状況に身を置きたくないですね。あくまで私のままでいたい。

日本型の秩序は必ず「暴力支配」になる

下重 先ほど、日本がおかしくなっているという話がありましたが、防衛費も大幅に上げて、敵基地攻撃能力だとか武器輸出解禁だなんていっているのも許せません。戦争を知る世代としては、「冗談じゃない」と思います。

養老 今の政治家は、日本の歴史をまったく勉強していないんですよ。戦前の日本は、軍部一辺倒で国家権力をコントロールできなかったっていう事実があって、その教訓と反省を政治家がもっていないといけない。それなのに、軍隊が勝手に動き出した時、腕力の弱い人たちがどうやってそれを抑止するんだということが、まるでわかっていません。暴力集団をコントロールするというのは、普通の人にはできないことなんです。

下重　シビリアン・コントロールですね。

養老　僕たちも子ども時代に社会科の授業で習いましたけれど、そもそもシビリアン・コントロールって英語ですし、日本人にはまったく馴染んでいない。なぜかというと、日本型の秩序というのは必ずといっていいほど暴力支配になってしまうからです。評論家の山本七平《しちへい》さんが、日本と英米の捕虜収容所の違いを書いているんですけれど、アメリカやイギリスの捕虜たちは収容所の中ですぐに役割分担ができて、誰が何をするということが決まった組織を自発的につくるんです。

でも、日本軍の捕虜の場合は、その収容所の中で一番腕力の強いやつが牢名主《ろうなぬし》みたいになって、それに使われる子分のような連中ができて、腕力の弱い連中をいじめるという組織が自然と出来上がってしまう。

下重　それが日本型の秩序である、と……。さらに厄介なのは、そういう暴力集団を仕切っていた人たちというのが、それこそ「超」がつくようなエリートだったという点です。陸軍士官学校を卒業した私の父は、辻政信や、二・二六事件の中心にいた野中四郎などと同期生でしたから、そういう人たちの話を私はそれとなく聞いているんですが、子どもの頃から軍人を目指していたようなエリートは、だいたい想像力に欠けているんです。当然、戦争では前線で人がたくさん死ぬわけだけど、そうした実感をもたない。父は軍人になるのが嫌で、もともとは絵描きになりたかった人ですから、まだマシだったと思いたいですけれど、軍隊教育を受けていたわけですから根本は同じでしょうね。

ただ私には、一つだけ父を認めているところがあるんです。戦後に自衛隊という組織ができる時、当然ゼロからはつくれないので、旧陸軍のエリートの力を借りようとした。そこで父にもお呼びが掛かったらしいんですが、「それだけはできない」って断ったんです。

養老　お父様は、どう呼び方を変えても暴力集団になるということがわかっていたのかもしれませんね。

下重　ええ。それにしても理解しがたいのは、あまりに気安く、現政権が軍備拡張の話をすることとです。

養老　時代が変わったんです。今までの自衛隊は控え目だったからよかったんです。でも、さっきいったように、「軍隊の暴走によって、日本全体に大変な迷惑がかけられた」っていうような共通感覚が次第に消えていった。若い世代では、軍備拡張は自分たちにとってもいいものだと思い込んでいる人が少なくないんじゃないかな。

下重　危うさを感じます。

養老　あとはやっぱり、歴史から学んでいないんでしょうね。日本の歴史をちょっと大きめに俯瞰《ふかん》すると、この国では暴力集団が実質的なトップになるというのが、鎌倉幕府以来の伝統です。征夷大将軍というポジションができてからというもの、暴力集団がずっと政治を仕切ってきたわけですよ。明治維新にしても、政府をつくったのは武士でしたし、結局、その後も軍隊のトップが実権を握るような状況が生まれた。

そういう国だからこそ、暴力集団を自制するような「武士道」っていう道徳律ができて、行動とか心構えについていろいろうるさくいっていたわけです。たとえば統治者というのは、いざっていう時には自分が腹を切る覚悟がなけりゃ務まらないんです。それから、昔の武士というと、何となく貧乏くさいイメージがあるでしょ。それは、清貧に美徳や矜持《きょうじ》を見出していたから。本来、そういう規範をしっかりもっておく必要があるのに、今の世の中からそんなものは消えてしまった。そんな時代にまた暴力集団をつくってどうするんだ、って思いますよ。

オレオレ詐欺、恐るるに足らず

下重　私たちの世代は子ども時代、大人たちがいっていたことが嘘だらけだったという現実を嫌というほど見せつけられましたからね。当然、国家というものに対しても非常に懐疑的というか、疑り深くもなるでしょう。日本が戦争に負けた時、私は小学校三年生でしたけど、親も先生も含め、大人のいうことはまったく信用ならないと肌で感じました。そして、「自分一人だけは自分で食べさせて、自分でものをいえるようにならなければダメだ」って心に決めたんです。もちろん、まだ一〇歳になるかならないかの子どもだから、すぐに実行できるわけじゃないけど、その時の決意が生きていくうえでの土台になっていますね。

養老　僕も、国家が「これが正義だ」といってきたら反射的に、「そんなものは嘘に決まっている」と考えます。だから、僕らの世代はオレオレ詐欺には引っ掛からないと思いますよ（笑）。

下重　そうですね、やっぱり私たちは戦争を体験しているというところが大きいです。もう少し下の世になると、一夜にして世の中の価値観がひっくり返るというところまでは経験していませんものね。

養老　僕が今一番気になっているのも、実はそういう話なんです。今の日本社会につながる大きな変化っていうのは二度起こっている。明治維新と敗戦です。このダブルパンチで出来上がったのが戦後日本です。日本で一〇〇〇年以上続いている社会のルールというものを、その時の都合で変えることができるってGHQは思ったし、それを受け入れた日本人も、何とかやっていけるはずだと思った。

そんなこと絶対にできるわけがないにも関わらず、です。要するに、日本の戦後というのは、ＧＨＱと日本人という、脳天気な人たちが集まって出来たんです。その歪《ひず》みというものが、これから徐々に出てくるんだと思います。

下重　今年（二〇二三年）一月、岸田さんがホワイトハウスのバイデン大統領のところへ行って、日米安全保障の体制やウクライナへの支援などで合意をしましたよね。二人は暖炉のある部屋で握手をしていて、岸田さんは顔がちょっと紅潮していました。バイデンさんも満足そうに微笑んでいた。私はあの日の光景を自分の目に焼き付けておこうと思ったんです。あかあかと燃える暖炉の火をバックにした二人の姿というのが、これからの悪い時代のきっかけをつくった気がしてならないんですね。

養老　気のせいじゃないと思います。もうあとちょっとですよ。

日本は自然災害でしか変われない

下重　それにも関わらず、今の若い人たちは危機感が薄い気がします。無理もありません。国家が嘘をつくとか、いっていたことを一夜にして翻《ひるがえ》すなんてことは夢にも思わないでしょう。

養老　そういうこと、考えるのも面倒くさいからじゃないですか。面倒くさいから、日本では自分たちで何かを変えるということができない。

下重　この先もずっとそうでしょうか。いつまで経っても何も変わらない？

養老　いや、大地震が来れば変わるんじゃないでしょうか。静岡県立大学で学長をやっている尾池和夫先生が、数年前から「計算上、二〇三八年頃に東南海地震と南海トラフ地震が発生する」といっています。しかも、東南海地震は首都直下地震を誘発する可能性もあるので、その場合には東京だって深刻な事態は免れない。この自然災害がくると、日本はかなりガチャガチャになるでしょう。

下重　自分たちの力ではなく、天変地異によってしか日本は変わらないということですね。

養老　おっしゃる通りです。日本というのは、全国的な災害がくるたびに思い切って変わるんですよ。『方丈記』にも書かれていますけど、おそらく一番ひどかったのが、平安時代から鎌倉時代へと移り変わる時期ですよね。普段、地震なんかほとんどない京都で、かなり大きな余震が半年くらい続くんですよ。それからずっとあとの江戸時代、東海地震と南海トラフ地震が連発するという安政の大地震が起きた。安政の大獄（一八五八年）があったのは、この地震から数年後のことでした。そうした騒乱のうちに、尊皇攘夷の機運が高まり倒幕運動も盛んになって、いわゆる日本の近代化に拍車が掛かるわけですね。

さらにいうと、歴史の教科書上では、嘉永六年（一八五三年）にペリーが浦賀に来たことが日本の近代化の幕開けだということになっていますが、実はその翌年の嘉永七年、江戸では大地震が起きて甚大な被害を受けている。それで元号を安政に変えたんだけど、それに追い打ちをかけるようにして先ほどの南海トラフ巨大地震が起きて、その翌年にはまた江戸を大地震が襲い、幕府は復興に掛かりきりになりました。つまり、倒幕運動を抑える余力などなかった。歴史学者は「人の社会」にばかり注目しているので、天災の影響を無視しがちなんです。

下重　自然の力を舐めているんですね。

養老　ええ。でも実際には、たとえばヨーロッパ諸国とか、ほかの国でもそうですけど、とくに日本の場合は「天災」を中心に世の中が動いている。だから今、永田町で威張っているような政治家たちだって、みんな一瞬でダメになる。一発、地震が起ころうものなら、たちまち力を失いますよ。見届けるべきは、尾池先生が予測する「二〇三八年」以降、この国がどこへ向かうのか……ということですね。

下重　ただ、「3・11」ではあまり変わらなかった。末恐ろしい気がします。地震もそうですし、ほかにもよくないことが連鎖して起きていくんじゃないでしょうか。ウクライナの戦争などはその兆候の一つで、世界規模でさらに大きな変動が生じるかもしれませんよね。

養老　歴史をみる限り、天変地異と政変はワンセットで起きていますから、それが一気に重なるかもしれません。

「意味を求める病」とは

下重　これから大きな変化が起こるとして、私たちにできることはあるのでしょうか。

養老　何もない。なるようにしかなりませんから。

下重　「ゆく川の流れは絶えずして……」ではありませんが、諸行無常という境地に到達するしかないのでしょうか。鴨長明に倣って、人里離れた場所に庵でも結んでひっそり暮らすしかないのかしら。

養老　まるのように、無駄な動きをせずにじっとしているしかないです。

下重　そうなるとやはり、お酒でも飲むしかないわね。ただ、私も若い頃に比べると本当に弱くなりましたよ。昔からの飲み友達から「どうかしたの」って心配されるほどです。つまらない制約ですけど、翌日に控えている野暮用なんかを考えると、どうしてもセーブしなきゃいけない場合もありますしね。養老さんは、最近ではお酒をたくさん飲む機会も減りましたか。

養老　そうですね。やはり疲れますから。

下重　煙草はどうでしょう。養老さんは愛煙家としても知られていますが、今もだいぶ召し上がりますか。

養老　煙草は、そうですね。

下重　やめようとは思わない？

養老　ええ。だいたい無理なことはしないことにしていますから。

下重　いい考え方ですよ。もっとも世間では、禁煙志向が幅を利かせるようになって久しいですが。少し前に、長年ご親交がある宮崎駿さんとの対談で、「煙草をやめたやつから先に死んでいく」「こうなったら意地でも吸い続けるしかない」って盛り上がっていましたよね。それを読んで私、思わず吹き出してしまいました。

養老　まったく余計なお世話ですよね。僕らくらいの歳になると、吸おうが吸うまいが、もう関係ないですよ。あと、他人に迷惑が掛かるから吸うなっていう話もあるけど、あれも無茶苦茶です。どんな生き物だって、生きていれば周りに迷惑が掛かるのは当たり前なの。

下重　うん。きっと煙草なんていうのは象徴にすぎなくて、今、日本の社会全体が過剰なコンプライアンス主義に陥っているんです。つまり、批判の対象になることを恐れて、誰かに怒られる前に小さく縮こまってしまうような傾向があると思います。忖度《そんたく》だとか、自主規制だとかっていう言い方もされますね。こうした風潮についてはどう思いますか。

養老　一番思うのは、うるせえなあって。

下重　本当に、もう放っといてくれという感じですよね。今の日本は何でも理屈をつけて、あれはダメだ、これもリスクがあるという話にして、自分で自分をどんどん縛っているような印象です。

養老　僕自身、長年にわたって「物ごとに理屈をつける」ということを生業《なりわい》にしてきたけど、それをやってきたからこそ、わかることがあるんです。それはね、いちいち理屈をつけるっていうのは、生に対する虐待だということです。

まるみたいに、成り行き任せが一番いい

下重　たしかにこの世の中、理屈のつけられないことばかりだし、そもそも理屈なんてものは存在しないのかもしれません。それでも私たちは、意味とか答えを求め続けてしまう。「何のために生きているのか」って悩んだりね。このような呪縛にとらわれているのは、日本人だけなのでしょうか。

養老　スリランカのお坊さんで、スマナサーラさんという人が、わざわざ来日して瞑想の指導をしていたんですけど、僕にこんなことをいった。「日本人は生きていません」って。

下重　生きていない――それは、どういうことなんでしょう。

養老　この人の言葉にどういう意味があるのか、真意を知りたくなるでしょ？　でも、彼は何も説明はしません。感覚として口をついて出た言葉なので、理屈もつけない。

下重　なるほど。思わず意味を求めてしまった私も、「生きていない」ということになるのかもしれないね（苦笑）。

養老　そんなことはないでしょうけど、僕はこれまで、日本に来てまだ日の浅い外国の人に三回くらいそういうことをいわれた記憶がある。

下重　私たちはどうして、意味を求めてしまうのかしら。

養老　一番の理由は、暇だってことじゃないでしょうか。暇だからこそ、余計なことをあれこれ考えてしまう。

下重　うん、暇だったら遊べばいいのよね。でも、日本人は遊び方が下手なので、やっぱり余計なことをいろいろ考えてしまうのかもしれません。養老さんのように、虫を追いかけたり標本をつくったりしていれば、とてもじゃないけど暇ではいられないでしょう。

養老　毎日忙しいですよ。今も虫の標本を整理する時間がなくて困っています。

下重　私も、遊びこそ真剣にすべきものだと考えていますよ。仕事っていうのはだいたいしんどいじゃないですか。やりたくなくてもやらざるを得ない——たとえば、人から押し付けられたりするものでしょ。だからこそ、ほんの切れ端でもいいから楽しい部分を見つけてね、一生懸命そこを肥大させてやらなきゃ、それこそ身がもちません。遊びのほうはその逆ですよね。理屈なんか抜きでただ好きだからやっている、好きだから真剣にやる。遊び上手な人は理屈っぽくないですしね。けれど、世の中には遊びが下手な人のほうがずっと多い。

スリランカのお坊さんの話に戻りますけど、「意味を求める病」はどうすれば治るのでしょうか。

養老　「世の中のすべては、どうせ変わるに決まっている」と思ってりゃいいんですよ。僕らだって、今日と明日では機嫌だって違うし、今日思っていることが、明日には一八〇度変わるかもしれませんよね。それと同じで、今は一刻を争うような問題だと思っていることでも、数時間後にはパッと消えちゃうかもしれない。まさしく戦争に負けた日本がそうだったじゃないですか。

下重　養老さんはよく、世の中は自分と関係なく森羅万象が動いているので、成り行き任せでいいということをおっしゃっています。虫や猫のように生きればいいんだと。

養老　そうです。まるのように成り行きで生きるのが一番いい。心の底からそう思いますよ。

第三章　90歳の壁

「まだ生きていたんですね！」

下重 ところで養老さん、新型コロナのワクチンは打ちましたか。

養老 僕は三回打って、そこでやめました。今のところ副作用はまったくありませんが「どうしてやめたんですか」ってよく聞かれるので、「仏の顔も三度まで」って答えるようにしています（笑）。

下重 ご自分の意志で「やめどき」を決めたなんて立派です。ワクチンにしてもそうですが、私たちくらいの年齢になると、体のことや死生観についてあれこれ聞かれることが増えてきませんか？「老いとどう向き合っていますか」とか、「死についての考えを聞かせてください」とか、よく取材などで質問攻めに遭います。

養老 多いですね。そんなこと、聞かれてもわかりませんよ。

下重 そう、答えなんて出るわけがないんです。まだ死んでないんですから。

養老　まさしく、何にでも理屈をつけて考えようとする、「意味を求める病」ですね。

下重　もちろん、編集者や記者の人たちの意図もわかるのよ。雑誌にしろ新聞にしろ、今は購読者層の大半が中高年世代だそうで、関心の高いテーマであることは重々承知していますが、とにかく世の中のあらゆることを「囲い」の中に入れたがる傾向は感じますよね。でも、「死の意味とは」という問いに対する明確な答えがあったら、生きている必要なんかなくなっちゃうわよね。だから、私自身も「老い」とか「死」とかいうものについて、答えを見つけようとは思っていません。ただ毎日一生懸命生きているというだけです。

養老　それでいいんじゃないですか。人間だって、虫や動物と同じく、ただそこに存在しているだけなんですから。

下重　それから、「自然に死ぬ」とはどういうことなのか、私にはよくわからないんです。著名人が亡くなると、死因は老衰だって報じられたりするでしょう。病院でも亡くなった人の家族に「老衰です」って説明する場面がよくあると思いますが、よくよく考えると「老い衰えるって何なんだろう」と、疑問に思ってしまう。

養老　そうですね。だから今、老衰は「多臓器不全」なんて言い換えてます。

下重　臓器不全とか心不全っていわれれば、まだわかる気がします。さっきも話しましたが、私は養老さんの『死の壁』という本がとても好きなんです。死と生の境というのを書いていらっしゃるのがすごく興味深くて、あの本を一生懸命読んだんですけど、改めて養老さんは今、死と生の境界線というものについてどういう風に考えていますか。

養老　いや、実はあんまり考えてないんです。本人は生きているつもりでいても、「実は死んでいる」っていう人だってたくさんいるでしょう。境界線なんてきれいに引けない。それは何となく感じますけどね。

下重　そういう話は世の中にいっぱいありますね。ちょっと脱線しますけれど、たまたま養老さんの姿を見かけた学生さんから、「あっ養老先生。まだご存命だったんですか」みたいなことをいわれたって、どこかで書いていましたね。

養老　はい。もっとも、そんな遠慮した感じではなく、もっとはっきりといわれました。「養老先生ですか？」と声を掛けられたので、「そうだよ」って答えたら、「まだ生きていたんですね！」。心の底から驚いた感じでしたね（苦笑）。

下重　本人にしてみれば悪気も何もなかったんでしょう、可笑しいですね。でも、学生さんとそういう話ができるというのもまた楽しいですよね。

養老　この前もね、学校の先生方の集まりで講演する機会があって、控室で座って出番を待っていたんですよ。そうしたら若い先生が一人やってきて、僕の顔をじっとみてね、「先生、間もなくお迎えが参ります」って。

下重　これまたすごいことをいいますね。養老さんはなんて返事したんです？

養老　「わかってるよ。ただね、それをいう時は、〝お〟はつけるもんじゃねえんだ」って（笑）。

下重　まるで意味が変わっちゃうものね（苦笑）。

予定調和で死を迎えたくない

下重　「死と生の境界線」という話に戻りますけど、安楽死についても触れたいと思うんです。少し前に、成田悠輔さんという若い経済学者が、少子高齢化の解決策の一つとして、「高齢者は集団自決、集団切腹みたいなことをすればいい」と発言して、大きな騒ぎになりました。彼は「将来的には安楽死の〝強制〟みたいな話も議論に出てくるだろう」という話もしていたそうですが、これについてはどう感じましたか。

養老　過激な発言の背景にはいろんなことがあったんだろうと思うけど、そういう話はだいたい宙に浮くんですよ。当の本人は、死ぬつもりも死ぬ可能性もないんだからね。

下重　そうですね。成田さんはまだ三〇代だといいますから、自分が死ぬことなんてほとんど考えていないでしょう。ただ、我々くらいの歳になると、良いとか悪いとかいう感想は別として、安楽死についての話題を他人事だと思えない人も少なくないはずです。二〇二一年に九五歳でお亡くなりになった脚本家の橋田壽賀子さんも、生前、『安楽死で死なせて下さい』（文春新書）という本を書いています。

「自分のことなんだから、自分で決めたっていいでしょ」っていうのもたしかに一つの考え方だとは思うんです。だけど私自身は、死という何だかよくわからない事柄について、果たして自分でタイミングを決めてしまっていいんだろうかっていう迷いがある。実は五年くらい前、「尊厳死っていいな」と思って尊厳死の承諾書の紙までもらってきて、もう書く寸前までいったことがあるんです。でも、よくよく考えてみたら、私が自分でそういうことを決めるのって、おこがましいんじゃないかって気がしたの。確信がもてないことはしたくないと思ったんですよ。

養老　いい考え方じゃないでしょうか。自分ではどうしようもないことに対して、自分でどうにかしようと思うのは不健康だと思いますよ。

下重　臨死体験の話を聞いても、そんな風に感じるんです。生死をさまよった人たちの証言として、お花畑がみえたとか、水辺に立っていたとか、自分の枕元にいる人たちの会話が遠巻きに聞こえていたとか、いろいろな話があるでしょう。そういうのを聞くと、死というものは一度に覆いかぶさってくるものではないんじゃないかという気がするんです。つまり、医学的には「何月何日に死にました」という死亡診断書が出たとしても、本当に死んでいるかどうかは本人にしかわからない。たとえ、肉体的に死んでいたとしても、何らかの感覚は残っていて、まだこの場にいたいって思うかもしれないし、周りにいる人たちの声が聞こえていて、「ああ、みんな心配してくれているんだなあ」とかって感じることができるかもしれないじゃないですか。

そういう感覚がまだ残っているうちに、あらかじめ決めておいた形でピリオドを打つのはためらわれます。やっぱり、私は自分自身の感覚を最期まで尊重してやりたい。未知の領域のことですから、実際にどんなことが起こるのかはわからないけど、わからないからこそ予定調和にしたくない。それで、尊厳死の承諾書もそのままにしているの。

養老　生まれた時だって、気がついたらこの世に生まれていたわけでしょ。予定も予想もしてなかった。死だって同じです。きっと気がついたら死んでいるんですよ。

ICUのベッドで「お地蔵さんのお迎え」

下重　私はね、最近になって何だか「死への歩み」が少しずつ聞こえるようになってきたように感じます。

養老　死への歩み？

下重　少々キザな言い方ですけど、そろりそろりと自分が死へと向かっているような感覚ですね。私は今八六歳で、養老さんより一つ上なんですけど、これくらいの歳になると「抵抗しよう」という感じじゃなくなってくる。そこへ向かって、ゆっくり歩いていくしかないなと感じます。

養老　僕なんか、「行列の先頭」をみてきましたよ。

下重　ああ、養老さんは心筋梗塞のことでICUに入った時、お地蔵さんがお迎えにくるという幻覚をみたそうですね。

養老　ずいぶん地味なお迎えでしたよ。『聖衆来迎図《しょうじゅうらいごうず》』みたいに金ぴかの仏さんが来るかと思ったら、ずいぶん質素だった。最近では、極楽も予算を節約しているのかもしれません（笑）。

下重　お迎えじゃなくて、下見に訪れただけかもしれませんね。それで、お地蔵さんはどんな風に姿をみせたんでしょうか。

養老　まったくの幻覚なんだけど……僕は、階段教室みたいな感じの傾斜のある部屋の高いところにいました。大きなテレビがあったので、横になって眺めていると、モニターにお地蔵さんが何体か映った。そして、その姿が岩壁のレリーフみたいに浮き上がったかと思うと、すうっとこっちへ向かってくるんですよ。病気で寝ている僕のところへ、向こうからどんどん寄ってくるんです。

下重　お地蔵さんが来てくれるんだったら、あんまり怖くないですね。むしろ、何だか嬉しいような気もします。それで結局、そのお地蔵さんたちは消えてしまった？

養老　僕がついていかなかったから。極楽への道案内役のはずが、どこかへ行っちゃった（笑）。

下重　生死をさまよっておられたわけだから、それも一種の臨死体験ですよね。

養老　そうです。自分でも無意識のうちにわかっていたんじゃないですか。そろそろ危ねえや、って。

下重　人間にはそういう力がありますよ。うちの母も何回か入院をしたんですが、ある時、「今度は本当に死ぬわよ」っていって本当に死んだもの。

養老　虫の知らせじゃないけど、そんな直感があったんでしょうね。

散り際には、きれいな眼をした猫を抱いて

下重　「死への歩み」が聞こえることもあって、最近では「死に方」についてもわりと真面目に考えていますよ。もっとも、そんなに深刻なものじゃなくて、どう死んだら格好いいかなあ、というアホみたいな話なんですけど（笑）。

養老　結論は出たんですか。

下重　いいなあと憧れるのは、夕暮れ時。窓の外の夕陽を眺めながら、ロミのようなきれいな眼をした猫を抱いている。その夕暮れが、だんだん墨色になって闇に包まれるその瞬間にすっと旅立つの。画家の有元利夫さんの作品に、半分が闇で半分が青空という不思議な絵画があるんです。明るい世界からちょっと隣へ引っ越すと、そこは漆黒の闇だっていう。私はその作品が大好きで、そういう風に闇に包まれた拍子に上手にあの世に行けたら、って妄想しますよ。

養老　暁子さんだけど、夕暮れ時がお好きなんですね。

下重　そう、早起きも大の苦手ですしね。死の瞬間には、音楽も絶対に欲しい。私が一番好きな『運命の力』っていうジュゼッペ・ヴェルディのオペラがかかっていてほしい。

養老　そういえば、下重さんはオペラ歌手になりたかったそうですね。

下重　ええ、かなり真剣に勉強していた時期もあるんですよ。初代の女性オペラ歌手に三浦環さんという有名な人がいますが、その人のお弟子さんという女性に習っていました。ただ、私のような痩せっぽちの体ではオペラ歌手にはなれないといわれてしまって。

養老　オペラ歌手っていうのは、その人の体そのものが「楽器」だといいますもんね。

下重　おっしゃる通りです。それできっぱり諦めて、聴く側に回るようになったんです。

養老　なるほど。

下重　NHKにいた時に、イタリア・オペラの歌手が初めて来日公演をしたんですが、それを生中継する仕事もしました。生番組だから、二〇～三〇分の幕間をどうにかしてもたせなきゃならない。そこで、ゲストに世界的なテノール歌手の藤原義江さんをお招きして、私がインタビューしたんですね。その時に来日した歌手はたしか……。

養老　パヴァロッティですかね。

下重　ああ、パヴァロッティの前にいた幻のテナー、マリオ・デル・モナコでしたね。それで、そのインタビューの時、藤原さんに「モナコの魅力はどこでしょうか」と質問したら、「足がきれい」と即答された。普通だったら、声がいいとか歌が上手いという言葉が出てくると思うじゃないですか。でも藤原さんは、とくに男性のオペラ歌手は足がきれいじゃなきゃダメだっていうんですよ。そのお話がすごく印象的で、今でもよく覚えています。曰く、オペラは総合芸術なので、立ち姿まで美しくないとトップにはなれないっておっしゃっていました。

亡くなった人たちの背後霊が乗っている

下重　オペラの話がすっかり長くなってしまいましたね。養老さんは、死に方について考えたことはありませんか。

養老　そういうことはいっさい考えない。

下重　くだらない想像はしない？

養老　いえ、そういうわけではなく、きっと「無」だろうな、って。

下重　なるほど……。私はまだ、無になるほど達観できていないなと感じます。お地蔵さんをみた方と、みていない者との差かしら（苦笑）。

養老　達観というほどのもんでもないですよ。さっきもいったけど、生まれた時も気付いたら生まれていたんですから、きっと死ぬ時も気付いたら死んでいるんです。そんな自分でどうにもならないことを考えても無駄かな、というくらいの感覚ですね。

下重　養老さんらしい。でも、死んだら気がつかないのでは？　という気もしますね。私は死に方と同様に、「死後」のこともちょっと考えてしまいます。たとえば、肉体はなくなっても、人の思いみたいなものはこの世に残るのかなあっていう気がするんです。

養老　それを僕は「背後霊」って呼んでいるんですけど、実は今もたくさん、背後霊が乗っていますよ。

下重　背後霊？

養老　うん。何十年経過しても、亡くなった人たちのことが頭から離れないんですから。たとえば僕、初めて解剖した人の顔を今でもよく覚えています。その時はまだ学生だったから、もう六〇年以上も前のことなんですが、どんな人だったのか克明に記憶が残っている。

下重　なるほど、そういうことですか。

養老　まさしく背後霊です。その人もそのまま、僕に乗っかっているんですよ。

下重　それじゃ、重たくて仕方ないですね。歳を取るごとに増えていく一方ですから。

養老　いや、それが意外なことに民主主義でね。解剖で三〇〇〇人くらいみてきましたから、背後霊同士が「今、喧嘩してるからちょっと待ってくれ」っていって順番に出てくる（笑）。「俺が一番偉い」などという霊がいないんですよ。

故人への「思い」を出すから「思い出」

養老　生前にまったく付き合いがなかった人の背後霊が乗っかってくることもあ

るんです。ある時、兄貴の友人の奥さんという人が、僕のところを訪ねてきました。その人のお兄さんが筋萎縮性側索硬化症《きんいしゅくせいそくさくこうかしょう》っていうだんだん体が動かなくなっちゃう病気で入院していたそうなんですが、人工呼吸器が外れて亡くなった。その奥さんはそれが「殺人」だというんですね。

下重　意図的に呼吸器が外された、と考えておられた？

養老　そうです。この病気はALS（amyotrophic lateral sclerosis）、頭文字をとってアミトロとも呼ばれるんですが、たしかに僕が若い頃にはそういう死亡事故も少なくなかった。安楽死が認められていないから、病院側が患者さんの呼吸器を外してしまうケースもゼロではなかったみたいなんです。とにかく、一時間くらい話を聞いたでしょうか。本当のところは誰にもわかりませんから、何とかなだめて、その日は帰ってもらいました。それ以来、その亡くなった男性のことがずっと心に残っているんです。実際にお会いしたこともないのにね。

下重　それは不思議なめぐりあわせでしたね。

養老　アミトロという病気やその患者さんに関心が高かったのは、その方の背後霊が僕に乗っかっているからだと思うんですよ。

下重　今でも乗っかっている？

養老　もちろん。今、こうして思い出したぐらいだから。

下重　顔も知らない、声を聞いたこともない人のことを何十年経っても考えてしまうというのは、背後霊っていう言葉がぴったりですね。

養老　しかも、背後霊というのは、自分に乗っかっているものをほかの人間に「飛ばす」こともできるんですよ。

下重　何だか呪いのようで恐ろしいですね（笑）。

養老　そう、恐ろしいの。僕はそれをお袋にやられました。昔、「嗚呼《ああ》神風特別攻撃隊」って歌があったでしょう。戦争が終わってから、兄貴が予科練（海軍飛行予科練習生）帰りでうちにいたもので、ときどき僕と二人してそれを歌っていたんです。すると、お袋がすごい剣幕で怒るんですよ、「なんで今頃、そんな歌を歌うの」って。どうしてそんなに怒るのかと不思議だったんだけど、戦時中、近所の若い人が特攻で亡くなったことを思い出すからだっていうんです。

下重　お母様にとっての背後霊だったんですね。

養老　そうです。その話を聞いてしまったものだから、若くして亡くなったというその人の背後霊が、僕にも乗っかってしまった。そんな感じで、次から次へと送られてきちゃうんですよ。

下重　わかる気がします。私も、好きだった人、思い入れが深い人の記憶を、できるだけ言葉にするようにしているんです。そうするとね、その人がここへ来るのよ。気配も感じるの。昨年の一二月に『話の特集』の編集長をしていた矢崎泰久さんが亡くなったんですけど、共通の友人と矢崎さんの話をするたびに、何だか本人がそこへ来ている気がするんですよ。

養老　それも背後霊ですね。

下重　そうなんです。私なりに勝手に理屈をつけると、それが思い出というものなんじゃないかしらって。思い出って「思いを出す」ってことですから、亡くなった人に対して思っていることが形になって、どこかへ出てくることをいうんじゃないかなあって、そういう風に感じるんです。はっきりと姿がみえているわけじゃないけれど、たしかに「思い」はそこに存在しているんですよ。

目下の心配は「標本の壁」を越えられるかどうか

下重　そういえば最近、『80歳の壁』（幻冬舎新書）っていう本がベストセラーになりましたけど、ご存知ですか。

養老　聞いたことはありますよ。

下重　和田秀樹さんというお医者さんの本ですが、養老さんの「壁シリーズ」をもじったようなタイトルで、私はあんまり好意的になれないの（笑）。やはり「壁」といえば、養老さんじゃないかって。心が狭いかしら。

養老　ありがとうございます。でも、僕は何でも、あるものはしょうがないよっていう考え方ですから（笑）。

下重　その本のタイトルをみて、八〇歳という年齢を境に何かが変わったとか、限界を感じるようなことがあったかなあ、って自分でふと思ったんです。さらに、私たちはこれから「90歳の壁」に直面するわけですけど、養老さんはそういう「年齢の壁」のようなものを感じることはありませんか。

養老　あんまり感じないですね。僕は割合、用心深いほうなので、もともと無理はしません。ただ、「無理をしない」っていうのも、たとえば、ブータンまで虫を採りに行くのはちょっと難しいかもしれないなあとか、その程度です。あそこは標高が高くて空気が薄いから、すごく体調が悪くなるわけではないけど、それなりにしんどいですからね。メキシコなんかさらに大変。

下重　何歳ぐらいから用心深くなったんですか。

養老　やっぱり、七〇の声を聞くくらいの頃からかな。無理をして何かあったら、周りに心配を掛けちゃうじゃないですか。

下重　そうそう、昔と違って回復するまでに時間も掛かりますしね。やっぱり、まるじゃないけど、自分の「体の声」をちゃんと聞いて、折り合いをつけながらやっていかないと長続きしないなあって思っています。九〇という年齢へ向けて、何か不安に感じているようなことはないですか。

養老　それもとくにないですね。気がかりなのは、死ぬまでに虫の標本を片付けられるかなってことくらい。若いうちは、寿命なんていくらでもあると思っていましたけど、今はやはり意識します。

下重　「標本の壁」ね（笑）。養老さんでも寿命を意識するんですね。

養老　標本を片付ける時は意識するんです。たとえば、一日でこれしか整理できなかったとすると、これを全部、片付けるとしたらあと何日かかるなって。果たしてそこまで生きているのかって。

下重　標本がものさしになっている。

養老　本当に、未整理のものが溜まりに溜まっているんですよ。しかも、その溜まっちゃっている中には、紙に包んだままで、まだ標本にできていないものもいっぱいあるんです。虫採り仲間の池田清彦君に聞いたら、彼のところにも山のように溜まっているらしいけど。

下重　冷凍庫みたいなところで保管しているんですか。

養老　そう、だから大変なんです。いっぺん解凍をしないといけないですし、包みを開けて、何の虫が入っているのかって一つひとつ確認しないといけない。そういうわけで、本当はできるだけ標本にしておいたほうがいいんですよ。針を刺して並べてやると、パッとみりゃわかりますからね。ただ、池田君も忙しくてなかなか標本がつくれないいんだよね。

下重　養老さんの標本はどういうところに保管しているんですか。

養老　箱根の別荘の部屋ですね。カビが生えないように、湿度をいつも三〇パーセントぐらいまで下げています。冬はいいけど、三月から九月くらいまでは注意が必要です。

下重　養老さん、虫の話題になった途端に生き生きしているわ（笑）。知らなかったお話ばかりで、私にとっても非常に新鮮です。

養老　それは恐れ入ります（苦笑）。

死への歩みも「インシャ・アッラー」

養老　下重さんはいかがですか。寿命というものを意識しておられるのでしょうか。

下重　あんまり意識したくないけど、意識せざるを得なくなってきている、というのが正直なところです。どこまで生きられるかなと考えた時、まあ、すごくうまくいって一〇〇歳でしょうけれど、それだってどうなることやら。まあ、死んだ時が寿命っていう考え方ですよね。

養老　うん。

下重　そんな風に考えるようになったのは、実はエジプトで暮らしたことがきっかけなんです。うちのつれあいがカイロで特派員をしていたことがあって、私も半年ほど現地に住んだのですが、それは面白かった。なかでも驚いたのは、向こうでは時間に対する価値観が私たちとはまるで逆だということです。ある時、ピラミッドの石段に腰掛けて夕涼みをしていたら、おじいさんがロバの背中に風呂敷包みみたいなのを括りつけて、サハラ砂漠に向けて出発する準備をしているのね。

養老　砂漠は夜に行かないと暑いですからね。

下重　その通りです。それで、そのおじいさんに「目的地までどれくらいかかるんですか」って聞いてみたんですけど、おじいさんは何を質問されているのかがよくわからない。着いた時が着いた時だっていう考え方なので、「何時くらいに着きそうだ」っていう概念がないんですよ。

養老　よくわかります。あっちの人たちは、「あそこにみえている山に行くのに何時間かかるか、何日かかるか」っていう質問をしても、まず答えようとしない。途中で何があるかわかんないから。

下重　そうなんです。いつまでに到着しなければならないから、そこから逆算して出発時刻を何時にしようなんて決めたところで、どんなトラブルが起こるか予測不可能ということです。つまり、考えるだけ無駄だってことですよね。だから、何でも「インシャ・アッラー」。

養老 神の思うままに、ということだね。

下重 ええ。だから、時間の概念もきわめてシンプルですよね。ここからあちらへ向かっている、現在から未来へ向かって歩いているというものです。一方、私たちの生活は「いつまで」という締め切りに縛られて、いつも追いかけ回されているじゃないですか。たとえば、明日こういう予定があるので、それまでにこの仕事だけは片付けておこうとかね。そうやって時間をやり繰りしながら、やっとこさ暮らしている現実がある。

「定年がいくつなので、それまでに住宅ローンを完済しなければ」というような人生設計だって、一見すると合理的なようだけど、それは「本当の時間」じゃやないですよね。時間というのは、川の流れのように、ひとつの方向へ流れているだけ。私はエジプトに行って初めて、そのことに気付くことができたんです。

養老　人間も、死に向かって時間が流れているだけですからね。

下重　そうなんですよ。生きるというのは、生まれ落ちた瞬間から、死に向かってゆっくりと歩いていくことですものね。それが当たり前だと感じるようになりました。もちろん、普段はそんなことを忘れて呑気《のんき》に生きているからこそ、楽しい部分もあるんですけどね。

養老　そうですよ。そういう行き当たりばったりこそが楽しい。

一夜にして世界のみえ方が一変した

下重　それ以降、仕事のやり方もずいぶんと変わりました。たとえばね、それまでは私、長編のノンフィクションを書くなんていうことはとてもできなかったたんですよ。でも、エジプトに行ってからは、「出来た時が、出来た時」。要するに、三年掛かろうが四年掛かろうが、しっかり調べて取材も続けて、必要な材料がちゃんと揃った時に書き始めればいいし、満足がいく原稿が書けるまで時間を掛けていいんだって思えるようになったんですね。途中で死んでも、それはそれでよし。養老さんは、仕事の進め方などがガラリと変わった経験はありますか。

養老　そういうことはたまにありましたね。やはり大きかったのは、仕事を辞めた時じゃないですかね。でも、下重さんみたいに自覚的に考え方が変わったわけじゃなく、本当に感覚の話ですよね。僕は東大を三月三一日付で退職したんですが、自由の身になった翌日の四月一日、外へ出たら陽の光がやたら明るいの。

下重　世界の見え方が一夜にして変わったということですね。

養老　そうなんですよ。太陽のエネルギー量がこの年の四月一日に急に上がったなんて話は聞きませんから、僕の内面で何かが変わったんでしょうね。

下重　そんな素敵なことが、エイプリルフールの日に起きた。

養老　下重さんもよくおっしゃっている、「自縄自縛」っていうやつじゃないですかね。東大にいた頃は、やはり自分で自分を縛っている部分はありましたから。

下重　わかります。私も毎日毎日、ＮＨＫへ通って「ガチャンコ」って呼ばれていたタイムカードを押すのが本当に苦痛でした。記録をみると、毎日一〇時間くらい働いていているのが一目でわかるんだけど、あのガチャンコを押す屈辱といったらなかった。あまりに嫌だから、人に頼んで押してもらったほどですよ。そんな感じで働き続けて、もうガチャンコを押さなくていい、となった時にはどれほど嬉しかったか。養老さんじゃないけれど、空がパーッと晴れ渡ったように感じられました。

でもね、実はそれからしばらくして、「誰も縛ってくれない怖さ」も感じるようになったんです。

養老　自由すぎて怖いってことですか。

下重　はい。だって、誰からも縛られないということは、自分が寝ていたいと思ったら、それこそ朝から晩まで寝ていたっていいわけですよ。すでに民放から仕事の話はいただいていたので、食い扶持をどうするという不安はなかったけど、際限のない自由を前にして、「自分はこのまま、何にもしなくなるかもしれない」って怖くなったんです。それを思えば、組織に勤めていて縛られているというのは、なんて楽だったんだろうと思いましたね。

縛られていたほうが楽である

養老　たしかに、人は縛られることを嫌うけれど、実は縛られていたほうが自分で何も考えなくていいので楽なんですよね。

下重　そうなんです。誰しも、実は人に縛られたいんじゃないかなっていう気がしました。本来は、自分の人生なんだから自分でいろいろ決めなきゃいけないじゃないですか。でも、社会に出て大きな組織に入ったりすると、仕事の中身まで細かく決められて、「明日はこの時間に来い」なんていわれる。社会はそれで成り立っているわけですけど、実はそれってすごく楽なことだと思ったんです。皆、楽なほうへ流れるんだっていうことがわかったんですよね。

養老　でも、下重さんはそういう道を選ばなかった。

下重　ええ、ただ最初はしんどかったですよ。自分で自分の仕事を「つくる」、それから、仕事の進め方まですべて自分で考えていくというのはすごく大変でしたけれど、いざそれをやり始めてみるとこれほど楽しいことはない。最初は無我夢中だったから、その楽しさがわかったのはNHKを辞めてからずっとあとのことでしたね。養老さんは、「誰も縛ってくれない怖さ」のようなものを経験したことはありませんか。

養老　東大を辞めてフリーになった時にはまったくありませんでした。でも、下重さんが今おっしゃったような不安というのは、自分で研究生活を始めた時に感じましたね。何をやってもいい、じゃあ僕は何をするんだろうと思った時に、自分で考えて決めるのが大変だった。

下重　研究者としてご自身の進む道を決める、という不安ですね。

養老　そうなんです。臨床の場合、問題を抱えた患者さんが次々にやってきますから、それに対応すればいいわけでしょ。黙っていても、やることが向こうから来てくれるんですよ。ところが、本当の研究というのはすべて自前でやらなきゃいけません。「何が問題か」というところまでちゃんと自分で考えて、掘り下げていかなきゃならない。たしか、三〇代になったばかりの頃でしたが、すごく苦労をしたのを覚えています。

社会を無視して生きていくことはできない

下重　その一方で、自分の進むべき道を見つけられたあとは、今度はそれが大きな自信につながりませんでしたか。

養老　それが、僕の場合はうまくいかなかった。研究を始めて最初の論文を書いた時に、東大紛争が激しくなって研究室から追い出されてしまうんですよ。ゲバ棒をもった学生たちが押し入ってきて「研究なんかしてる場合か」って。これは頭にきましたね。

下重　ああ、そのエピソードは知っています。

養老　本当に憤りました。どうにか自分で考えて仕事をつくって生きていこうと思った矢先に、自分とは関係ない学生運動によって物理的に仕事を奪われてね。そこで、社会の中で生きていくというのはこういうことかと学びましたね。社会を無視して生きていくことはできないんだと。

下重　養老さんの比ではないものの、私にも似たような経験があります。ＮＨＫを辞めたあと、ちょっとブランクの期間があって、早稲田大学の大学院の特殊学生というのを受験したら入れてもらえたんです。そこで古典を学ぼうとしていたんだけど、キャンパスに行っても大学紛争でいつも休講。結局、大学院は辞めてしまいました。

養老　あんな時代に学ぼうとしたのはすごいですよ。僕の知る限り、あの時代に勉強してて面白かったっていっているのは、南伸坊《みなみしんぼう》くらいですよ。

下重　南伸坊さん、お親しいんですか。

養老　うん。

下重　あら、私も南さんには「俳句の会」で月に一度、必ずお会いしますよ。すごくユニークで、感受性豊かな人で大好きです。いわれてみれば、養老さんの絵を描いていましたものね。ところで、どうして南さんはあの時代、勉強していて面白かったのかしら。

養老　デザインの学校だから自由だったんでしょうね。いわゆる正統派の学校は紛争でみんな潰れてるでしょう。

下重　南さん、自分が面白いと思ったところじゃなきゃ行かないでしょうからね。それにしても、さっき養老さんがおっしゃった「社会を無視して生きていくことはできない」という言葉が、ずっと心に残っています。私たちくらいの世代にとって「戦争」というのは、その最たるものでしたよね。

養老　自分の意志とはまったく関係なく、社会に巻き込まれましたからね。あまりくわしく話したことがないんですけど、僕の大学の同級生には満州からの引揚者が多いんです。彼らの社会に何が起きたかというと、まず満州国が消えてなくなって、次に旧ソビエト軍がやってくる。それから国府軍、中共軍と暴力支配する者たちがコロコロと変わっていく。こんな体験は今ではなかなか考えられないでしょう。

敗戦時、母に渡された白い薬包

下重　五木寛之さんをはじめ、作家でも外地から引き揚げた人は多いですけれど、当時の体験について沈黙を貫いていることも少なくない。五木さんも以前、いまだにそこの部分だけは書けないとおっしゃっていました。

養老　あそこにいた人だけにしかわからない、本当につらいことがたくさんあったわけですからね。

下重　旧ソ連軍が入ってきた時には、性暴力も珍しくなかったと聞きます。本土でも敗戦後、「アメリカの進駐軍が上陸した時に、軍人の女房と娘は最初に狙われる」という噂が駆けめぐりました。一〇歳程度の子どもだったとはいえ、私は軍人の娘だったので、母に呼ばれて「アメリカ兵が来たら、すぐ五右衛門風呂の中に隠れなさい」って教えられていました。上から蓋をして、中に潜んでいれば簡単には見つからないだろうって。あとになって考えると、あれは乱暴をされないための訓練だったんです。

養老　当時、女性はみんなそういうことを心配していましたよね。

下重　ええ。それから「万一、見つかってしまったらこれを飲むのよ」って、お守りみたいに白い薬包を渡されていました。結核を患っていた私は普段からよく薬を飲んでいたので、何の疑問もなくもち歩いていたんですけど、それからずっとあとで「そういえば、あの白い薬は何だったの?」って母に尋ねたら、「青酸カリよ」と教えてくれました。

養老　昔、青酸カリは簡単に入手できましたからね。僕も戦後、虫を標本にするのによく使っていました。

下重　虫に飲ませるんですか。

養老　いえ、虫を入れる瓶の底に入れて、綿で押さえるんです。虫がそこの綿の中に入っていかないように、虫と綿の間にコルクの板を切ったやつを挟んでおく。しばらく置いておくと、青酸ガスが出てくるんです。

下重　ああ、ガスで死ぬわけですね。

養老　人間の場合は、青酸カリを飲むと、胃酸が強いのですぐに青酸ガスが発生するんです。シアン化合物イオンっていうのはミトコンドリア機能を止めるんで猛烈に早く効く。今考えると、非常に危ないことをしてたなと思いますね。

下重　事故も多かったでしょうね。それにしても、あの白い薬包がその後どこへいったかわからないんですよ。母が処分したのか、あるいは……。

養老　誰かが飲んじゃってないといいですけど（苦笑）。

社会は「と思ってる、と思ってる」の連鎖で出来ている

下重　それにしても、ひどい戦争でした。大半の国民が、日本は正義のために戦っている、だから絶対に勝てるんだと信じ込まされていた。一億総マインドコントロールともいうべき、異常な事態でしたね。

養老　そう、一種の洗脳でした。あの戦争について、一個人として責任を感じるかっていう質問をぶつけると、当時大人だった人たちの多くが「戦争に勝てるって、皆が信じていると思った」ということをいっています。本音の部分では、誰も「勝てる」だなんて思っていなかったんだよ。「でも、皆は勝てると思ってるはずだ」ってお互いに思い込んでたんでしょう。この「と思ってる、と思ってる」って構造で成り立っているので、めいめいが自分で勝手に四面楚歌になっちゃった。

下重　周りに同調してしまうわけですね。

養老　ええ、戦争はその典型です。それでなきゃ、あんな馬鹿なことはできません。

下重　今の社会にも通じるところがあると思います。いつの時代も、これは治らない？

養老　うん。なぜなら、それが人間社会の根本にあるからですよ。わかりやすいのはお金です。東大の経済学部長だった岩井克人《かつひと》さんが、お金がどうして成り立っているかを解説しています。たとえば、僕が一万円を渡すと、お店の人はそれを受け取って一万円相当のものをくれるでしょ。それは、そのお店の人がその一万円をどこかへもっていった時に、また一万円相当のものをくれる、と思っているからだ。つまり、お金が流通するのは、「と思ってる、と思ってる」って構造そのままなんですよ。一種の洗脳です。

下重　たしかに、お金の価値を信じない人が大勢いたら、貨幣経済が成り立たないわね。

養老　そうです。ベトナムの山奥に行って、僕、しみじみ思ったことがある。日本の一万円札なんか出しても何にもならない。こういう「と思ってる、と思ってる」って構造は、昔から延々と続いているんです。「裸の王様」がまさしくそれですよ。誰も、裸だっていえないの。自分以外の皆は、王様が服を着ていると思っている、と思っている人ばかりだから。まさしく戦争の時の日本人です。

下重　そういう意味では、子どもの存在が本当に大切ですね。寓話の中でも「王様は裸だ」って指摘するのは子どもでしょ。

養老　子どもを大切にしない社会はああなるってことですよ。

下重　それにしても最近、「王様は裸だ」っていえないムードがどんどん強くなっているような気がしてすごく嫌なんです。

養老　そうですね。

下重　あの戦争で、いっぺんすべて壊れたって思っていたの。もう、日本に蔓延《はびこ》っていたあらゆる価値観がすべて洗い流されて、社会も大人たちも滅茶苦茶になったって思っていたわけですよ。だけど、あっという間に元通りになっちゃった。

養老　さっきも話しましたが、大きな自然災害でも起きない限り、日本は変わりませんよ。歴史をみれば一目瞭然だけどね。

養老先生、大学を去る

下重　ちょっと話を戻すと、養老さんはさっき「90歳の壁」をとくに感じないっておっしゃっていましたね。これまで、歳を取ることで考え方が変わったことというのはあんまりなくて、状況で変わっていくことが多かった、と。

養老　歳で変わったっていうのはあんまりないね。大きいのは状況でしょう。大学を辞めた時、せいせいしましたから。

下重　どうして大学をお辞めになったんですか。さっき聞きそびれました。

養老　「本来はこういうもんだ」と思ってやってきたことが、できなくなってきたんです。本当であれば大学って、俗世間から離れて真理を追究する場所ですよね。それが完全に建前になってしまった。

下重　私たちの時代と違って、今は「開かれた大学」なんていっていますよね。

養老　大学が時代に即してないっていうことで「開こう」としているんでしょうが、あんなのはまったくダメですよ。大学が世間と同じだったら、存在意義がありません。社会の付属品になっちゃいますから。ひとたび世間に出ると、そこには利害関係とか人間関係とか、いろんなものが渦巻いているでしょう。だから、いわゆる社会とは別の枠組みの中に学生や教師をしまっておかなきゃダメだと。大学っていうのは、そういう人間の知恵だったんです。

下重　なるほど、「象牙の塔」という言葉もあるように……。

養老　そうです。昔の学生や教師は、この言葉の意味がよくわかっていました。アメリカでも初期の頃の大学は、「あいつら反社会的だ」って糾弾されて、市民から大砲を撃ち込まれたなんていう歴史があるぐらい。それだけ特異な組織なんです。海外では今でも、そういう特殊なものを社会に置いておく意味というのがちゃんと認められているんだけど、日本の場合は、それが共通認識にはなっていなかったんだね。

象牙の塔、その終わりの始まり

下重　どうして日本では、「象牙の塔」の存在意義が認められなかったんでしょう。

養老　教師が嘘をついていたからでしょうね。その嘘っていうのは要するに、建前と本音を使い分けるという嘘です。さっき触れた、大学は真理を追究するところだというのが完全に建前になっちゃって、「そんな嘘っぱちは誰も信じてない」

って学生たちの怒りが噴出したのが、大学紛争です。「大学とは何か」「人はなぜ学ぶべきか」というような根源的な問いに対して、教師はまともに答えることができなかった。それは、彼らが腹の底で「大学の使命」なんてものは建前だと、暗黙のうちに決めていたからでしょう。当時の教員たちは痛いところを突かれて本当に困ったと思いますよ。

下重　東大紛争というのは、医学部が発端だったと聞いています。

養老　皆そういうんですが、一番大きなきっかけは「処分」です。当時の学生運動ってメガホンをもって怒鳴ってるでしょ。それを東大附属病院でもやったので、これから医者になる連中が病人の寝ているところでそういうことをするのはいかがなものかって、関係者を二〇人くらい処分したんです。そのうちの一人の学生が、実はその時に現場にいなかったと問題になった。そのことをテコにして、大学自治会が「処分撤回だ」と粘ったんですよ。でも一度撤回をすると収拾がつかないので、大学側は意地でも引っ込めなかった。それで深みにはまっていっちゃったんですね。

下重　東大紛争は大きな問題だったと考えますか。

養老　そうですね。大学そのものがあそこで壊れちゃったんだと思います。真理とは何かっていうと、要するにいつの時代、どこの地域でも変わらないことだと僕は思っています。でも大学紛争で、大学側はそんなことを微塵《みじん》も考えていないことがバレちゃったんです。それならいっそ店仕舞いするか……となるはずもなく、「開かれた大学」なんていって今でも学生をいっぱい集めて何かゴソゴソやってるわけで、すべてが嘘くさくなってしまったんですよ。

ポリコレ合戦に堕した学生運動

下重　東大紛争時、養老さんは助手になりたてだったそうですが、当時の学生活動家たちをみてどう思いましたか。

養老　一言でいえば、馬鹿だなあと思ってました。要するに、本当は人間の世界ってもうちょっと奥行きがあるのに、その辺がわかんなくなっちゃっているなと。

下重　それは興味深いです。東大紛争時、全共闘委員長だった山本義隆さんは、大阪の大手前高校の四年後輩です。

養老　僕が学生の時も、いわゆる六〇年安保がありました。その時は高橋さんという自治会の委員長がストライキを手配しました。当時は矢内原三原則っていうのが公表されていて、「政治運動を学内に持ち込まないように」というのがルールで定められていた。つまり、自治会がストライキを提案した場合には、委員長は退学って決まっていたんです。当然、高橋さんも退学処分を免れないわけだけど、そこで自治会が何をしたか。僕たち学生を講堂に集めて、全員、退学願いを出せっていうんです。提案した委員長が退学なら、賛成した学生も同罪だろっていう理屈ですよね。

下重　それで高橋さんの退学を撤回させようというわけね。

養老　その通り。そこで当時の学部長が講堂にやってきました。吉田富三さんという、吉田肉腫《にくしゅ》っていう培養されたがん細胞をつくった偉い先生なんですが、学生相手に一時間くらい喋って見事に話をまとめてしまった。

下重　高橋さんはどうなったんですか。

養老　大学から指導教官っていうのを二人つけられて、週に一度はどちらかの指導教官のもとに顔を出せ、と。それを一年続けると、「改悛の情あらたかなるにつき復学」ということで許されるわけです。

下重　なるほど、全面戦争を回避したわけですね。

養老　ところが、東大紛争の時の学生、つまり今の団塊の世代たちは、こういう「裏のやり方」というのがわからなくなってしまった。文字通り「戦争」になっちゃったんです。だから、馬鹿だなあと思いましたよ。教師がやっていることにはもう一つ裏があるんだっていう考え方が、完全に抜け落ちてしまったわけですから。

下重 当時、フリーのキャスターという立場でずいぶん取材にも足を運んだので、私もいろいろな場面に遭遇しました。学生がもっていたのは石ぐらいでしたからそれを投げるんですが、機動隊側はすごい装備で追っかけてくるのよ。私たちも学生と一緒に逃げ回ったりしたんですけれど、そこで感じたのは「これは小さな戦争だな」ということでした。

養老 そう、アメリカ式ですね。さっきいったような「裏のやり方」にある含みだとか、機微みたいなものはいっさいないわけ。相手の言葉を文字通りにそのまま受け取って、こちらも文字通りにやり返す。「こっちが正しい」「そっちが間違っている」って延々と対立が続くんです。今でいうところの、ポリコレ合戦みたいなもんですよ。

下重　ごく単純な戦いになっちゃったわけですね。

養老　きわめて単純です。たしかに言葉は、言葉の通りに使ったほうが効率はいいでしょう。でもね、長い歴史をもった人間の社会では、文字通りなんてことはあるわけないいんだよ。

ネットフリックスで「ニュー・トリックス」を楽しむ

下重　ところで、私がコラムを連載している『週刊朝日』もいよいよ休刊になってしまいます。今よくいわれているのが、「若い世代の人たちは、週刊誌なんてわざわざ買って読まない」ということ。本屋さんに足を運ぶのは高齢者ばかりだから、って。でもね、私はそうは思わないんですよ。若くても歳取っていても、面白いものは面白いの。出版も新聞も、テレビもそうだけど、マスコミの人たちはものが売れなくなってきたのを、何でもかんでも高齢社会だとかインターネットの普及だとかのせいにしないほうがいいと思うんです。

養老　うん、そういう「常識」みたいなものにはちょっと気をつけたほうがいい。思い込みということがありますからね。若い人が意外に古くさいものを買ったりするかもしれないですし、逆に老人が老人らしくないものに関心を示したりする。世の中というものはそういうところが面白いんです。

下重　そう、すべてが予定調和だったら生きていてもつまらないですもんね。養老さんはテレビはご覧になるんですか。

養老　ＮＨＫニュースくらいであまりみませんね。「今風」なことをやっている番組をみていると気が散って嫌なんです。「俺、関係ねえ」っていう感じで（笑）。でも最近は、ＢＢＣの連続ドラマで「ニュー・トリックス」というのをネットフリックス（Netflix）でみてますよ。

下重　あら、配信動画をみていらっしゃるんですね。ちょっと意外です。

養老　ロンドン警視庁で左遷された女性刑事《デカ》が、退職したジイサン刑事を雇って新しいＵＣＯＳ《ユーコス》っていうチームを立ち上げて未解決事件を次々に解決するっていう話です。女性刑事はそれまで出世街道を歩んできたんですが、とあるミスを犯してしまう。犯行現場に踏み込んで、「動くな、手を挙げろ！」って威嚇したところ、そのうちの一人がニワトリを抱えていたものだから、パッと手を挙げると同時にニワトリが逃げ出し、ドーベルマンがそいつを追いかけていって大騒ぎになります。このドーベルマンを、女性刑事が撃ち殺してしまうんです。それで、「あいつは犬を撃った」ということで、エリートコースから転落しちゃう。

下重　吊し上げられてしまうんですね。

養老　ところどころイギリス流の皮肉が効いていて、面白いですよ。たとえば、登場人物がセリフの中で、英国王立動物虐待防止協会（ＲＳＰＣＡ）のほうが、イギリスの児童虐待防止協会（ＮＳＰＣＣ）よりも歴史が古くて地位が高い、というようなジョークを飛ばすんです。英国王立動物虐待防止協会は頭に「ロイヤル」ってついているけど、イギリス児童虐待防止協会には「ロイヤル」がついていないんですよ。

下重　名称に「ロイヤル」ってついていないぶん、組織としての格では負けるっていう皮肉ね。

養老　あとは本当にくだらない笑いもたくさんあります。たとえば、ジイサン刑事三人組が上役から説教されるんですが、その間ずっと態度が悪いんですね。ニヤニヤ笑ったり机を蹴ったり。説教が終わったあとで、なんでそんなに態度が悪いんだって上役が聞くと、「ズボンの前が開いてますよ」。その直後に直属の上司が「上役の話は参考になったか」って聞いたら、三人の感想が「very revealing だった」っていうんです。「reveal」というのは「あらわになる」っていうような意味です。

下重　ほとんど喜劇ですね。

養老　ええ、ですから神経を使わず楽しくみていますね。

英国式ユーモアを培った、陰鬱な自然環境

下重　日本人って、どうもそういう皮肉というか、センスオブユーモアのようなところが洗練されていない気がします。どうしても、よくテレビに出ているお笑い芸人さんのような、ベタベタっとした馴れ合いの笑いに終始してしまうというか。

養老　そういう意味では、漱石の『吾輩は猫である』にはイギリス流の皮肉が詰まっていますよ。

下重　ああ、たしかにいわれてみればそうかもしれない。

養老　僕は小学生ぐらいの時に読みましたね。正月の頃、子猫が拾われるところから物語が始まるんだけど、台所にあるお雑煮の食べ残しの餅を盗んで食おうと思ったら、歯にくっついて取れなくなって、片足で立ち上がって踊りを踊るでしょ。それから、台詞回しがさっきいったＢＢＣのドラマのような感じなんですよ。

下重　夏目漱石はロンドンに住んでいましたものね。

養老　ロンドン仕込みのセンスオブユーモアです。

下重　漱石はロンドン住まいでユーモアに磨きがかかったけど、病気にもかかりましたね。あそこの冬って曇り空と雨と寒さですごく憂鬱なんですよ。少しの間だけですが、つれあいのところへ私も行ったことがあります。めったに日が照らなくて、とにかく冬がしんどかったことを覚えていて。ああいう陰鬱な場所に住んでいると、ユーモアの感覚もいい意味でひねくれていくんでしょう。

養老　少なくともラテンみたいなカラッとした笑いは出てこないだろうね。

一生懸命遊ぶために仕事をしている

下重　ここまでお話を聞いて、養老さんには没頭できる好きなことがあって、それを追いかけて日々忙しくされていることがよくわかりました。その一方で仕事もたくさんこなしておられます。虫の標本の片付けもなかなか進まない中で、養老さんが仕事を続ける理由とは何なのでしょうか。

養老　やっぱり世間の中にいると仕方がないですよね。世間に求められたら、必要とされたら何かやるしかないなって感じです。下重さんはいかがですか。

下重　私はもともと遊び好きでルーズな性格なので、仕事がないともう一日中寝ていると思うんですよね。外に出かけるのが億劫だからって家に引きこもって、そのうち遊びもしなくなるかもしれない。それだと困っちゃう。そのまま誰とも会わなくなるだろうし、ひどいことになるだろうなって何となく予想がつくんですよ。だから養老さんと同じで、誰かから求められて仕事ができるのはありがたい。ちなみに養老さんは、「社会の役に立った」っていう嬉しさのようなものはあるんですか。

養老　いやあ、そんなに嬉しくありません（苦笑）。仕事中だって、標本づくりのことで頭がいっぱいだったりしますよ。

下重　では、仕事の依頼がいっさいなくなれば、全部の時間を趣味に費やすことができるから、そっちのほうがありがたい？

養老　世間で生きている限り、それは無理だろうね。標本にも維持管理が必要ですから。箱根の家も建ててからもう一〇年以上経っているので、電気部分が壊れたりすると入れ替えが必要ですし、修繕もなかなか大変ですよ。やっぱり稼がないことには、遊ぶにしても一生懸命遊べないんです。

下重　一生懸命遊ぶために働く、っていうのにはすごく共感します。私も遊びと仕事という両方がないと、やっぱりうまい具合に均衡が取れないと感じます。

養老　うん。仕事ってのは、いわゆる必要経費を稼いでいる感覚だね。

下重　ちょっと理屈っぽい話をすると、自分一人くらいは食べさせることができるっていう経済力がないと、自由は獲得できないと思うんです。それからもう一つ、自分のことは自分で決めるっていう自立心がないと、やっぱり自由は得られない。つまり、精神的な自立と経済的な自立さえあれば、何歳になっても自由でいられると私は思っているんです。だから体が動く限り、必要とされれば仕事がしたいし、死ぬまで遊び続けたい。

養老　まさにその通りだと思います。あと、僕の場合はそれに加えて、「行きがかりと成り行き」が大きいですね。人生なんて自分でコントロールできるもんじゃないですから、その瞬間、瞬間を生きていくしかないんじゃないでしょうかね。

第四章　まるに始まり、まるに終わる

教育が子どもの「好き」を削ぐ

下重　「行きがかりと成り行き」という人生観も含めて、養老さんはとても自然体で生きていらっしゃるように感じますね。

養老　そうありたいとは思いますよ。まるのようになれたら、って。

下重　自由で気ままで、誰にも媚びない……素敵なことです。一方で、俗世に身を置いている限り、私たちはなかなか好き勝手には生きられません。いろいろな約束ごとや雑事に縛られてしまって、生きれば生きるほど「自然」との間に距離ができる。

養老　だからこそ、僕たちのそばには猫が必要なんですよ。

下重　猫というのはかなり自然に近い存在ですものね。一方で、犬は飼い主をよく観察していて、自分の役割みたいなものを意識しながら動いているところがあると思います。そこがいじらしくもあるんだけど、動物として気ままに生きているというわけではなさそうです。なんとなく「お勤め」に近いというか、私なんかは相手をしているうちに、その忠誠心に応えなきゃいけない気がしてちょっと疲れてきちゃう。自然を体現しているような存在という意味で、猫のほかにはどんな生き物を思い浮かべますか。

養老　僕の場合、やはり虫ですね。虫というのは本当に素直に、一直線に生きていますから。

下重　そうおっしゃると思いました。我々の子ども時代を振り返ると、いつだってたくさんの虫たちに囲まれていましたね。至る所、それこそ家の中でもハエや蚊が飛び回っていたし、夏は蚊帳を吊らなければ眠れませんでした。

養老　あれこそが自然ですよ。

下重　そこらじゅう虫だらけだったわけですが、養老さんが取り憑かれたきっかけは何だったんですか。

養老　きっかけなんてないですよ。子どもってのは皆、虫が好きでしょう？　僕はそのまま、「育たなかった」だけです。

下重　多くの場合、教育というのがそれを「削《そ》ぐ」のよね。子どもが夢中になっているものを無理やり取り上げて、もっと役に立つことをやらせようとする。養老さんの場合は、虫好きを妨害する大人はいなかったんでしょうか。

養老　いやあ、お袋にはしょっちゅういわれてましたよ。「そんなに虫ばかりみて、何やってるの。たまには勉強しなさい」って。

下重　そういわれて、どうしたんですか。

養老　聞かない（笑）。だから、今でも虫が好きなんですよ。

唯一の友達は蜘蛛だった

下重　それにしても、養老さんの虫への愛は「好き」っていう範疇を超えていますよ。「虫の虫」とでもいうべきかしら。虫の標本はいつ頃からつくっていらっしゃるんですか。

養老　初めて標本をつくったのは小学校四年生の頃のことでしたが、もともと生き物が好きで好きで。鎌倉で育ったもんですから、物心ついた時には海やら川やら、いろんなところへ遊びに行っては生き物を探していました。そんな調子なので、由比ヶ浜へ初めて連れて行ってもらった時にはたちまち行方不明になって大騒ぎになりました。滑川《なめりがわ》の河口《かわぐち》に座って、コメツキガニっていうのをずっとみていたんです。

コメツキガニって今でも好きですけど、まん丸い砂団子を器用につくります。近づくと、足音に気付いてすぐに穴に入っちゃうんです。そこにしゃがんでずっとみていると顔を出すんだけど、こちらの気配を感じるとまた引っ込んじゃう。模様が砂そっくりでね。最近では、コメツキガニも数が減っちゃった。

下重　時が経つのも忘れて夢中になっていたんですね。鎌倉は海も近いですから、磯の生き物や魚もたくさんいるでしょう。でもやっぱり、そちらよりも虫がいい？

養老　ええ。もっと海のほうへ関心が向いていたら、今頃は「さかなクン」みたいになっていたかもしれませんね（笑）。下重さんは、虫についてはいかがですか。

下重　実は私、蜘蛛《くも》が好きなんですね。

養老　ほう。

下重　これは、私の生まれ育ちと関係があるんです。小学校二年生の頃、戦争で防空壕へ入るたびに息が詰まるような感覚があった。それでお医者さんに診てもらったところ、立派な結核だとわかって、二年ほど自宅療養をしていたのです。当時は疎開中で、私たち一家は奈良県の信貴山《しぎさん》っていう山の上で旅館の離れを借りていたんですが、その一間で私だけ寝かされていました。

養老　隔離されていたわけですね。

下重　ええ。ベッドなんてないから、卓球台の上に布団を敷いて。一度だけ、地元の小学校に挨拶に行ったことがあるんですけど、ガキ大将みたいな男の子がヘビをもって追いかけまわしてきたのよ（苦笑）。それ以来、学校には二度と寄りつかなくなっちゃって、文字通り部屋に引きこもっていたんです。

それで一日中、一人でいるわけでしょう？　それこそ遊び相手なんて誰もいなかったわけですけど、実は退屈したことがない。仰向けになって天井板の節目や間仕切りの上をじっと眺めていると、雨の日や晴れの日、天候によって違う模様が出来る。たまに、蜘蛛が巣をつくったり、チョロチョロ走りまわる。私にとって唯一の友達だったのが、そこにいた蜘蛛なんです。

養老　友達ができなくて虫のほうへ寄っていっちゃったというのは、僕の周りだと池田清彦君と奥本大三郎君。彼らも結核で、友達は虫しかいなかったといっていました。

下重　そうでしたか。私も、もうちょっと長いこと蜘蛛と一緒に過ごしていたら、皆さんと同じように「虫の虫」になっていたかもしれないわね（笑）。

養老さんが嫌いな虫

下重　私もそれですっかり蜘蛛の虜になってしまったんです。戦争が終わって大阪の小学校に通うようになってから、夏休みの自由研究のテーマは何をやってもいいというので、世界中の蜘蛛について一生懸命調べたんです。それで驚いたのは、海外には「空を飛ぶ」蜘蛛っていうのがいるんですね。

養老　ええ。尻から出した糸をなびかせて、浮力をつける。それで風で飛ばされて、上昇気流に乗るんです。飛行機にプランクトンネット（プランクトンを濾《こ》しとって採集するための網）をつけて調べたら、高度四〇〇〇メートルのところで蜘蛛が捕まったという記録もあります。だから、太平洋の孤島であっても蜘蛛は渡っていく。実は最もよく移動する生物の一つなんですね。

下重 あれには感嘆しましたね。そういう面白い話をたくさん調べていって、意気揚々と発表したら、先生には気持ち悪がられ、同級生からはいじめられ……と、結果は散々でしたよ（笑）。この子はどうして蜘蛛のことなんか調べるんだ、って。

養老 研究テーマは自由だったのにね。

下重 蜘蛛ってどうしても、日本では悪いイメージがあるでしょう？　悪いイメージというか、不吉な予兆のように捉えられたりするじゃないですか。その反対に、中国では吉兆、待ち人が訪れるとかで「縁起のいい生き物」っていわれているらしいですね。南米のパラグアイには、古都・アスンシオンからイグアスの滝に向かう途中に「蜘蛛の巣編み」を手掛ける村があって、極彩色のそれはそれは美しい布をつくり出します。少女が恋人に思いを伝えたくて神に捧げたそうです。

養老　僕もこの間、友達がうちへ来てね。そこの縁側にいたら、ちょうど蜘蛛が巣を張っているところだったので、二人でずっとみていましたよ。

下重　ずっと眺めていても飽きませんよね。蜘蛛というのは網を張ってから獲物が掛かるまで、離れたところでじっと待っているでしょう。それこそ、いつ引っ掛かるかわからないのに、いつまでも……。その姿に胸を打たれるんです。昔、十和田湖の近くへ行った時に、きれいな瑠璃《るり》色をして、手足がスラっと伸びた美しい蜘蛛を見つけたこともあります。

養老　よく知っていますよ。でも、下重さんにはいいづらいんだけど、僕は蜘蛛が嫌いなんですよ（笑）。

下重　あらっ、蜘蛛がお嫌いだったんですか。

養老　嫌なんです。というより、軟らかい虫が好きじゃないんですよ。あと、脚が長すぎる。僕は、鋼鉄のような体をして脚も短い虫が好みです。戦車みたいで格好いいじゃないですか。

下重　養老さんはいかなる虫でもお好きだろう、っていうステレオタイプにとらわれていました（笑）。

ヨーロッパの連中はろくなことを考えない

下重　とくにゾウムシを気に入っているのも、硬い虫だから？

養老　そうだね。ときどき、ゾウリムシって勘違いしている人がいますが、そっちじゃなくて米ビツなどに入ってるやつです。

下重　ゾウムシは、標本もたくさん集めておられるとか。よほどお好きなんですね。

養老　実はすごく好きってわけでもないんです。ただ、とにかく種類が多いので集めやすいのと、アマチュアではあんまり採集している人がいない。標本だって、ゾウムシのは誰も欲しがらないですし（苦笑）。体長が一センチにも満たない小さいやつもいて面白いんだけどね。硬い虫は甲虫っていうんですけど、その甲虫の仲間だと、やはりカブトムシとかカミキリムシは人気が高いので、比較的いろいろなことがよくわかっているんです。どんな木につくとか、生態や地域差、種類などがはっきりしていて、大きな図鑑も出ています。ゾウムシはというと、ぜんぜんそんなことはない。

下重　虫の話題で、また生き生きしてきましたね。

養老　そうでしょうか（笑）。ああ、そういえばあそこの壁にゾウムシの絵が架けてありますよ。虫を描くのが好きな学生からもらったんです。

下重　まあ、あれはゾウムシの絵だったんですね。よくみると、不思議な顔つきをしています。やっぱりすごく硬いんですか。

養老　相当硬いです、標本にする時にうまく針が刺さらないぐらい。なかなか苦労しますよ。小さくって硬くて、しかも丸みのあるものに針を刺すのって大変でしょ。

下重　でも、その苦労も本当に嬉しそうに話していらっしゃるから、心の底から虫がお好きなんだなって感じますよ。

養老　そうなんでしょうね。最近、腹が立つのはね、ＣＯＰ（国連気候変動枠組条約締約国会議）だなんだと徒党を組んで「環境を守れ」ってうるさいでしょう。ＥＵが中心になって余計なルールをいっぱいつくるせいで、勝手に虫が採れなくなってきているんですよ。東南アジア、とくにフィリピンなんかはものすごく規制が厳しくて。

下重　採れないっていうのは、現地で虫を捕まえても日本に持ち帰れないっていうことですか。

養老　それもあります。おかしな話で、虫を商売にしている人たちが捕まえるのは案外、許されたりしているんです。それを規制すると食べていけなくなっちゃうから。反対に、僕らみたいに半分遊び、半分研究みたいなことで虫を追っかけている人間に対してはとにかく厳しい。僕は、ほぼ毎年のようにラオスに行って虫採りをしているんですが、最近ではドイツが金を出して森中に監視カメラを付けたりしている。

下重　自然保護の観点から、っていうことですね。それにしても、カメラで監視しているなんて嫌な感じです。

養老　虫を採ることをまるで犯罪のようにしています。当たり前ですけど、根こそぎ捕まえるなんてことがあるわけないのにね。まったく、ヨーロッパの連中はろくなことを考えない。

一番のSDGsは人を減らすこと

下重　しかし、ラオスというのは面白いところですね。私も七、八年くらい前に行ったんですけど、自然豊かな一方で、ヨーロッパ風でなかなか垢抜けている部分もあって。

養老　そうですね、仏領インドシナだったから。ラオスのいいところはね、人が少ない。

下重　ああ、たしかにそうでした。

養老　日本の本州くらいの面積で、人口は八〇〇万とかですから。アジアで人が少ないところというのは、本当に少ないですよ。

下重　私ね、すごく嫌なのは「人を増やせ、増やせ」って日本の政府やいろんな人がいうじゃないですか。人が少なくて何が悪いの、って思うの。

養老　それ、池田清彦君がしょっちゅういってる。ＳＤＧｓだとか環境保護だとかいうんだったら、一番いいのは人間が減ることだって。

下重　私もそう思います。人口をどんどん増やしながら「自然を守ろう」、つまり人間が自然をコントロールしようなんていうのは、すごくおこがましい考え方ですよね。先ほど養老さんが、「ヨーロッパの連中はろくなことを考えない」っておっしゃったけど、世界の中心は人間で、そういうご立派な立場から自然を庇《ひ》護《ご》してやろうっていう偉ぶった価値観を強く感じるの。

養老　ＳＤＧｓなんてものはその典型でしょう。あれを主導している国連というのはとくに、先進国の中でも上澄みの上澄みだから、とにかく大上段に構えてコントロールしようという考えが強い。途上国の現地の事情なんか、まったく思いも及ばないんだよ。

下重　本当にそうみたいですね。国連に関わっている友人がいるんですが、彼女もよく「あそこはどうしようもない」ってぼやいていますよ。ものすごいエリート風を吹かせた人ばかりで、おまけに権威におもねるというすごい「忖度集団」らしいですね。

養老　そうでしょうね。ああいうところで働いているのはただでさえエリートばかりなのに、とくに途上国からは、国内でも一、二を争うようなエリートが行きますからね。庶民の感覚とはおよそかけ離れているでしょう。現実を知らないだけじゃなく、想像力も働かない。

下重　しかも、その地位にしがみついて絶対に離そうとしないでしょう。国際機関としてまともに機能していなくて当然です。

「地震待ち」の理由とは

養老　うん、ああいう組織は本当にたちが悪いですよ。昔、ブータンへ行った時に地元の人から聞いた話なんですけど、子どもと一緒に野良仕事をしていたら、

ＷＨＯの職員が視察に来て「児童虐待だ」って怒られたというんだよ。呆《あき》れて言葉が出ませんでした。

下重　いかにもヨーロッパ的な価値観だと思います。でも、フランスなんかへ行くと、都会から一歩でも外に出ようものなら見渡す限りの畑が広がっているでしょう？　農業国じゃないですか。繁忙期には、農家の子どもだったら普通に手伝っていますよ。自分たちの国でもそういう現実があるはずなのに、わざわざ余所の国まで行って児童虐待だなんだと騒ぐというのは、何だか奇妙な話ですよね。

養老　やっぱり、都市型の文明が広がっちゃったんですね。世界の人口の八割くらいが都市に集中していますから、自分たちの常識から外れた暮らしへの理解もなければ敬意もない。だから、僕はよく「地震待ち」っていうんですよ。

下重　先ほどおっしゃった、自然災害が起こることで社会がリセットされる……という考え方ですね。

養老　ええ。東南海地震と南海トラフ地震が連動、首都直下地震まで誘発するようなことになれば、東京は壊滅的な被害を受けるでしょう。もちろん、これは悲劇ですよ。ただ、これまでとはまったく違ったタイプの社会が生まれるきっかけになる。東京がなくなることで初めて、それぞれの地域が自立しなくてはやっていけない状況が生じるんです。

下重　人口もさらに減るでしょう。

養老　そうです。だから、「人口を増やそう」なんて馬鹿げたことをいうんじゃなくて、少ない人口でいかに豊かに生きるかを考えなくてはいけない。だから、「二〇三八年待ち」です。

下重　ああ、二〇三八年というのは、大地震が来るかもしれないっていわれている年でしたね。

養老　僕は一〇一歳なので、もうこの世にはいないでしょうけど。

下重　いや、大丈夫かもしれませんよ。ただ、一度すべてがぶっ壊れないともう先には進めないっていうのは、何だか絶望的な話ですね。

養老　案外、そうでもない。さっき申し上げたように、日本の大きな転換期というのはすべて自然災害が引き金になっているんですよ。しかも日本列島は、北米プレートやユーラシアプレートと呼ばれる岩盤の「繋ぎ目」の上に乗っかっていて、そこにはフィリピン海プレートまで合流しているんです。世界でも、これほど複雑な地域は珍しい。

下重　なるほど、いつ何が起きてもおかしくないわけですね……。私は、巨大地震で社会がリセットされたあと、一体どういう社会がつくられるのかということが気がかりです。

養老　そうなんです。そこが一番の問題なんです。

腐臭漂う、日本の「残りかすの残りかす」

下重　私はね、日本というのは社会がぶっ潰れても何も変わらないって思ったんです。だって戦争で負けてもあまり変わらなかったじゃないですか。たとえば軍国主義から民主主義へ、一見するとガラッと転換したように感じられるけど、皮を剥いてみると中身は大して変わってないと思うのよ。安倍晋三さんのお祖父さんで、A級戦犯から首相に返り咲いた岸信介さんのように、政治家の顔ぶれも変わらなかったし、さっきうちの父の話をしましたが、自衛隊だって旧日本軍の将校を集めて再組織化したようなものでしょう？　よく戦前から戦中、戦後という分け方をするけれど、実際には確実に連続性があるんだと思いますよ。

養老　そうですね。あの戦争が「日本が変わるきっかけだった」ってのは、皆がそう思ってるだけでしょう。変えられないことは変えられない。それはもう現実として受け入れていくしかない。日本っていうのはこういうもんだ、って。

下重　なぜ変われなかったのかしら。アメリカの占領下で「おんぶに抱っこ」のような状態になって、日本人が自主性をもたなかったからですか。

養老　いや、それは関係ありません。明治維新でいっぺんふるいにかけられて、そしたら網目のところに何か残ったんですよね。戦争に負けたことで、もう一度それをふるいにかけたんだけど、それでも残った最後の「残りかす」が今でも溜まってるんだよ。それを「伝統」だ何だと呼びたい人もいるから、たまったもんじゃない。

下重　敗戦から七〇年以上が経って、そうした「残りかす」からは腐臭が漂っています。けれど、そういう現状をどうしていいのかわからない、という人は少なくないでしょう。

養老　その「どうしたらいいんだろう」っていうのがよくないね。そいつが明治以降、完全に定着してしまったんだと思うんです。その考え方の根っこにあるのはね、「ああすればこうなるはずだ」っていうシミュレーションは可能だ、つまり自分たち自身が何かを変えられるはずだという幻想なんですよ。その前提がそもそも間違っている。

下重　何でもシミュレーションできる、っていうのが勘違いだと。

養老　そう。もともとそんなことできるはずがないのに、「できない」ってことで心配になっちゃう。それがおかしいんです。

「アメリカ世」から「中国世」へ

下重　私自身は、とてもじゃないけど「二〇三八年」を見届けられる気がしない。でも、どういう世の中になるのか知りたいなあという気持ちは強いですね。養老さんは、どんな社会へ変わっていくと思いますか。

養老　わかりません。ただ、今のような大都市を中心とした国はもう成り立たないでしょうから、地域の自給自足でやっていく社会にするしかないのではないかと思います。

下重　そうなるといいですが、戦争で負けても変わらなかった——「3・11」でもコロナでも根本的変化のないこの国は、どうすれば変われるのかしら。

養老　一番の問題が、いわゆる「復興」というやつです。巨大地震後に起こり得る最悪のシナリオは、ガチャガチャになった日本を、今のような形にそっくりそのまま戻そうとする復興ですね。

下重　それが「最悪」だというのは、どういうことなんでしょうか。

養老　莫大な額の金が必要になるでしょう？　でも、今の日本は経済も停滞しているし国も借金だらけです。そうなると、余所の国から助けてもらう以外に手立てがなさそうですが、アメリカにはそんな無駄金を出す義理はない。ほかに思い切って金を出せるところとなると……。

下重　中国ですね。

養老　ええ。僕の知り合いで、経済分析をしているデービッド・アトキンソンっていうイギリス人が、本の中で書いていますす（『国運の分岐点 中小企業改革で再び輝くか、中国の属国になるか』講談社＋α新書）。現在、江戸時代にあったような東南海地震と南海トラフ地震、首都直下地震が重なったら、もはや日本は中国の属国になるしかないって。

下重　何だか、私もそんな気がするの。今も、中国の実業家が銀座の不動産だとか、地方の山林や島を購入しているといわれていますよね。北海道の水源も危機だとか。中国というのはソロバン勘定が上手ですし、日本に対しては複雑な、積年の思いもあるでしょうから、日本を経済的な属国にしようと考えても無理はないと思うんです。

養老　このままいくと、アメリカの属国のお次は中国の属国になってしまうかもしれない、ってわけですね。だからこそ、さっきもいった「それぞれの地域の自立」が大事なんです。支配されたくなければ、地元で自給自足できる社会をつくることですよ。自分たちの周りでしっかりと食べていければ、ほかの国がいくら金を出そうとも「関係ねえよ」って話ですから。

下重　うん、それこそ人口なんて少なくていいから、小さな独立国を目指す。地元で自給自足できるコミュニティがいっぱい出来るってことでいいんじゃないの、って思います。

養老　思想家の内田樹さんがいっている「廃県置藩」というのがまさしくそれです。明治期の廃藩置県は、藩をやめて県という大きな行政単位に括っていたわけですが、それを真逆にして、小さな共同体で分けていく。巨大地震が来たらそういう在り方へ切り換えるのも一つの手でしょう。

時代が悪くなることで人が輝く

下重　自然災害をきっかけに大きな転換期を迎えるとしたら、やっぱりそういう動きを牽引するようなリーダーが日本には必要だと思います。今の若い世代というのはどうもお上に盾突かないというか、優しくておとなしい印象があるんですけど、養老さんはどう思いますか。

養老　僕は心配ないと思っています。若い人たちの中から必ず、元気のいいのが出てきますから。

下重　確信があるんですね。それはどうして？

養老　それはね……今、一番生き生きしていないのが、若い人たちだから。地震で社会が滅茶苦茶になって、「学歴も出世もクソもないじゃないか」となった途端、それまで顧みられることがなかった人たちはすごく元気になるはずです。明治維新もそうです、あの時に出てきた若い連中は皆、江戸時代の身分制度の恩恵を受けていなかった。

下重　時代が悪くなることで人が輝く、と――。たしかに、それは世界をみてもそうですよね。たとえば、社会に対して怒りや不満をもっているような若者の間でロックが流行して、それを楽しんでいるうちに大きなうねりを生んで、世の中を変えるような原動力につながることさえあった。

養老　そうです。地震で東京が壊滅状態になったら、一番働くのは茶髪の若い人たちじゃないかなあ。

下重　今のお話を聞いていたら、四〇年くらい前に永六輔さんが提唱していた「佐渡島《さどがしま》独立論」を思い出しました。本当にいいところなのよ。四方を海に囲まれているうえ米もつくれますし、木材もあるので燃料にも困らない。「佐渡、日本から独立すりゃいいよ」、それでもって大統領制を採ろうということで、当時は大きな話題になりました。私はそれをすごく面白いと思ったんです。

養老　佐渡島は昨年行きましたけど、たしかにいいところでしたね。

下重　ええ。文化にも奥行きがある土地です。過去には、京都から順徳天皇や世《ぜ》阿弥《あみ》などが配流されているでしょう。皆、永さんの主張をまるで冗談のように受け取っていましたけれど、私は佐渡島を独立させるのもいいなあって真剣に考えましたよ。

養老　佐渡の人口ならば、自給自足を目指していけそうですしね。

下重　そうなんです。都会に比べて、本当の意味で豊かな生活ができるような気がします。「人口が減ってよくない、国の存続の危機だ」って、最近はそればかり聞きますけど、人口が減ったほうが逆に一人ひとりに目が行き届いていいような気がします。さっきいったように、「ＳＤＧｓ」の推進にも一役買うでしょうし……。

養老　人口が減っているんだから無理に「産めよ殖やせよ」なんていっていない

で、自然に任せりゃいいんですよ。

日本人の感性の根っこにあるのは「自然の強さ」

下重　人が減っていくのが日本の運命ならば、それに身を委ねようという考えですよね。そういう意味でいうと、私は文学でも『源氏物語』に描かれる貴族社会の人間模様などよりも、『平家物語』のように没落する――滅んでいく話が好きなんですよ。

養老　諸行無常ということですね。

下重　ええ。この諸行無常というのは、とても日本人的な価値観だと思うんです。滅びゆくものの中に、自分も含まれているわけでしょう。つまり、誰しも滅んでいく運命には抗《あらが》えず、死んでいく……。すべては「ひとへに風の前の塵《ちり》に同じ」って、何だかとてもしっくりきますね。養老さんは、「自然の流れに身を任せてしまおう」というような日本人の感性について、どう思いますか。

養老　僕もね、昔からそう思っていますよ。思想史家の丸山眞男《まさお》さんが「歴史意識の古層」ということをいっていて、要するに『古事記』や『日本書紀』の中で一番使われているのが、「なる」っていう言葉なんです。たとえば「実がなる」とか、草木が生い茂っていくさまを示すものです。

下重　そういう自然の強さみたいなものが、日本人の精神に影響を与えている、と。

養老　うん。日本というのは非常に自然が丈夫で、草や木をいくら剥いでもまたすぐ緑に生い茂る。飛行機で空を飛んだらわかるけど、韓国の北のほうなんかへ行くと山が茶色いじゃないですか。アジアの熱帯雨林なんかもそう。ひとたび伐採したら、インドみたいにすぐ禿山《はげやま》になってしまうんです。

下重　たしかに、日本の植生というのはもう鬱陶しいくらいに緑が濃いですね。

いくら草むしりしても次から次へと生えてくる。

養老　江戸時代あたりまでは、そうした自然と人口がぎりぎりのところで均衡していた。江戸の町に関していえば、生活ごみなんかもどんどん海に流しちゃっていたわけだけど、それが環境破壊どころか逆に富栄養になって江戸湾を豊かな漁場にしたんです。それが、「江戸時代はＳＤＧｓだ」なんていわれる所以《ゆえん》ですよね。

下重　現代とはだいぶ様子が違いますね。自然とのバランスは完全に崩れていて、有機物の代わりに原発の汚染水をジャブジャブ海に流していますから。でも、人口が減っていけば、あんなものはもう必要ありませんよね。

養老　リニアモーターカーだってそうです。今、静岡で建設工事が止まっているのは、なにも川勝平太《かわかつへいた》知事が一人でごねているわけじゃないんだよ。やっぱり政治家ですからね、リニアに対する県民のバックアップがなくなってきているのを敏感に感じとっているんだと思いますよ。住民の人たちも、ああいうものを強引につくることに対して、興味を失うどころかもう嫌気が差してきているんです。

下重　リニアは必要ありませんよね。あと、自然に逆らうということでは、福島での原発事故があってから、政府が太陽光発電事業をやたらと推進して、メガソーラーだの何だのといって補助金をばら撒いていたのもすごく嫌な感じがしていたんですが、案の定、全国で土砂崩れや粉塵、土壌汚染というようなトラブルが多発しているといいます。

養老　ひどいもんですよ。政府が金を出すとろくなことになりません。

「日本人は清潔病です」

下重　自然というのは文字通り「自然」であって、人間がどうあがこうと逆らうことはできない。でも、今の世の中はエコとか何とかいって、人工的に自然という状況をつくろうとしているような気がします。

養老　そうですね、自然をコントロールできると思っているのがおかしい。

下重　その勘違いの一つに、ばい菌や汚れを極度に嫌がって取り除こうとする傾向があるでしょう。私が通っている中国鍼《はり》の中国人の先生が、「日本人は清潔病です」ってよくいうのよ。たしかに、今は除菌スプレーや消毒液に囲まれていて、何でもすぐにシュッとやるじゃないですか。ドラッグストアにもいろんな薬剤がズラリと並んでいます。

養老　そういうのを気にしている人は、自分の歯の隙間を楊枝《ようじ》で掃除して、そのかすを顕微鏡でのぞいてみたらいいんです。たくさんの菌がウヨウヨと泳いでいるのがみえますよ。自分でできないんだったら、歯医者に行った時に頼めばいい。そうすれば、人間が菌と一緒に暮らしてるっていうことがよくわかるから。

下重　そうですよ、我々の体には無数の菌が住んでいる……もはや、菌の集合体だといってもいいかもしれないですね。

養老　以前、人間のお腹の中には細菌が一億いるって推測されていましたけど、今では一兆だといわれています。エスカレーターの手すりのところに「除菌」って書かれていたりするのをみると、本当に馬鹿じゃなかろうかと思いますよ。てめえの体に一兆も細菌を抱えているやつが何をいってるんだ、って（笑）。

下重　電車のつり革が気持ち悪くて触れないなんていうのも、何だか滑稽ですよね。

養老　僕らの時代は家の中にもいろんな虫がいたし、トイレも汲み取り式でしたが、不潔が原因で死んだ人など誰もいませんよ。

下重　やはりこの「無菌社会」というか、行きすぎた潔癖症に陥っているのも、自然というものから遠ざかってしまった結果ではないでしょうか。菌という自然な存在を無理やり、自分たちの価値観に沿って排除したつもりになってる。

養老　まあ、要するに自然を舐めているんだよね。

自然の側が虚を突かれた

下重　舐めている、というのはまったく同感です。自然に対する謙虚さがなくなってしまったんだと思いますね。

養老　とにかく謙虚じゃないね。人間の世界が中心なんだという考えに凝り固まってる。

下重　それで人間は自分たちが一番偉いと思っているわけでしょう。よく「地球に優しい社会」っていうけど、それは人間にとって都合のいい社会でしかないのよね。どうしてこれほどまでに傲慢になってしまったんでしょうか。

養老　まあ、生物ってのは基本的に皆、自分が中心ですからね。ある程度しょうがない部分はあるにしても、人間の場合はやはり「腕力」が強かったということもあるでしょう。自然環境を変えていくだけの力があった。

下重　それから、やっぱり頭もよかったんでしょうね。

養老　そうだね。ただ、腕力とか多少頭が働いたということがあるにせよ、やはり自然環境の側が虚を突かれた、というところが大きいんじゃないですかね。

下重　ああ。人類に対して、そんなに大したやつらじゃないと油断しているうちに、どんどん勢力を広げてしまった……というようなイメージでしょうか。

養老　おっしゃる通りです。だから今、人類はもう天井を打ってるんじゃないですか。そこで仕方がないからＡＩ（人工知能）なんかに活路を見出そうとしている。メタバース（インターネット上に構築される仮想空間）もその一環でしょう。ちょっと前の発展途上国に先進国がちょっかいを出していたのと同じで、「これから開拓できる場所」として、人類が何兆円ものお金をかけてそっち方面へ動いていますよね。

下重　そういう世界にそれだけのお金をかけているというのは、もはや今の現実社会が飽和状態であることの裏返しだと。

養老　うん。

下重　見方を変えれば、大金をかけて人間をダメにしようとしているともいえますね。人類を早く滅ぼしてしまいかねないことを、ほかでもない、人間自身が着々と進めているという皮肉な話なのかもしれません。

養老　そうするしか仕方がないんでしょう。とにかく行き着くところまで行ってしまおうってことだよね。

一夜にして消えたタケノコ

下重　人間はすっかり偉くなったつもりでいますが、自然のほうが圧倒的に強い――いえ、とても比較にならないような、得体の知れない恐ろしさを秘めたものだというイメージがあります。丸山健二さんっていう作家がいて、長野県の豊かな自然の中に住んでいるんです。そこへ都会からいろんな人がやってきて「自然っていいですねえ」って感心するそうなんですけど、そういう自然愛好家みたいな人たちに限って、自分が腰掛けている草むらが実はマムシの住処だったりすることにぜんぜん気がついていない。そんな皮肉を書いていますね。

養老　うん、それが事実です。自然ってのはそういうもんです。

下重　自然は「愛でる」っていうような生易しいものじゃない。おどろおどろしい相手で、人間なんてあっという間に呑まれてしまうんだと思うんですよ。

養老　僕の箱根の別荘は、イノシシが出入り自由です。すぐ隣が孟宗《もうそう》の竹藪（モウソウチクというアジアに分布する竹の一種）で、春になるとタケノコが次から次へと生えてくるので、「あれ、どうしようかなあ。切ろうかな」なんて悩んでいると、次の日には忽然と消えてなくなってる。つまり、イノシシが食っていっちゃう。動物たちは、季節ごとにどこに何が生えるのか、ちゃんと知っているんです。

下重　イノシシってほとんど天敵もいないし、たくさん子どもを産むので、本当にのさばるだけのさばりますよね（笑）。ウリ坊っていうのがね、またかわいい。以前、軽井沢の山荘の前で遭遇したことがあって、その時はちょうどタクシーに乗っていたんですけど、一〇匹くらいのイノシシたちにぐるりと取り囲まれちゃったのよ。一族だったのか群れだったのかよくわからないけど、ウリ坊なんて一匹もいなくて皆、成長したイノシシでしたから、圧倒されてしまって。なかなか車を降りられませんでした。

養老　あっちからすれば、「自分たちのエサ場に変なのがいる」くらいの感覚でしょうね。

下重　そう、浸食しているのは私たちの側ですからね。イノシシといえば、テレビのニュースをみていてすごく腹が立つことがあるんです。よくイノシシや猿が、人が住んでいる地域まで下りてきたって大騒ぎになるじゃないですか。警察とか猟友会が出動して大捕物《おおとりもの》をするやつです。あれをみるたびに私は「いいじゃない、放っておいてやれば」って思うんです。そりゃたしかに、農業で生計を立てていらっしゃる方は大損害でしょうから、真剣に対策をしなくちゃいけないというのはよくわかりますが、ほかの人はちょっと食べ物を取られたくらいで大騒ぎするような話じゃない。一緒にのどかにやればいいと思うんですよ。

なんでそんなことをわざわざニュースにするんだろう、という憤りもあります。テレビ局がカメラで追いかけ回すでしょう。そういう動物を射殺したなんていう話を聞くと、本当に悲しくなります。

犬をつないでおくという不自然

養老　もっと上手にやってほしいですね。今おっしゃった、山の動物が人の住むところまで下りてきちゃうようになった最大の原因は、たぶん、犬をリードにつなげて飼うようになったことですよ。「犬はつないでおく」って決めたこと。

下重　犬を？　それはどういうことかしら。

養老　僕の知り合いが、福井の山の近くの村で犬を放し飼いしているんです。彼がちょっと家を留守にしている間に、それを聞きつけた保健所の人がやってきた。つながれていない犬がいると、すぐ調査に来るんですね。それで、いろいろとその家について聞き込みをしたらしいのですが、近所の人たちは知人をかばって、保健所の人に「あんた、人の家へ黙って入って犬を連れていくなんてドロボーですよ」って逆に注意して追い返したんです。実はね、その犬が放し飼いでウロウロしていることで、その界隈の畑を猿やシカという動物から守っていた。地元の人たちは、それがちゃんとわかっていたんです。実際、この犬は勝手に山へ行ってシカを捕ってくることさえあるらしい。

下重　なるほど、そういうことでしたか。たしかに猿なんて犬が大嫌いですからね。

養老　ええ、犬猿の仲ですから。だから、猿の被害に悩んでいる地域は、犬を放し飼いにすれば解決します。ところが今は「犬はリードでつないでおく」というルールができたので、猿もシカもイノシシも怖いもの知らず。

下重　犬をつないでおくという自然に反したことをやり始めたせいで、自然の存在である猿やイノシシからの被害に遭うというのは、すごく考えさせられる話ですね。

養老　うん。でも、この中で一番ひどい目に遭ったの、やはり犬ですよ。これまで、犬は人間と一緒にいても、つながれておくような存在ではありませんでした。しかも、本来はそういう環境にいるはずのない場所で飼われている犬種がいるでしょ。さっき僕のうちにきたコッカーの話をしましたけど、狩猟犬が住宅街の玄関先につながれて、番犬の代わりをさせられていたわけで、それでは犬がかわいそうですよ。

下重　本当に、犬も猫も好きなようにさせてやりたい。今の世の中、猫だって肩身の狭い思いをしているはずです。イラストレーターの和田誠さんも大の動物好きで、俳句の会でもお会いしていましたから、よくいろいろお話ししたものですが、「猫を去勢なんかすべきではない」って主張するんです。人間の都合で、動物の自然の行為を奪ってしまうのは思い上がりにも程がある、って。猫はたくさん子どもを産みますから、捨て猫がどんどん増えて保健所へ持ち込まれてしまうという問題もあって、折り合いをつけるのがすごく難しいところですが、和田さんのいいたいこともよくわかります。

養老　不自然な状況であることは間違いないですよね。動物側からすれば、たまったもんじゃない。

子どもは一日にして慣れる

下重　こういう不自然な社会は「二〇三八年」の後、どういう風になるでしょうね。

養老　できるだけ無理をしない状況で、皆がうまくやっていけるようなコミュニティをつくりたいね。

下重　本当に。さっきもおっしゃったように「元に戻そう」というのが一番よくない考え方でしょう？　でも、敗戦後の日本がそうだったように、必ず元に戻そうと考えるのよね。

養老　それでね。僕は今、子どもの教育を一生懸命やってるんですよ。

下重　あら、それは知りませんでした。

養老　栃木県に、ホンダのサーキットもある「モビリティリゾートもてぎ（旧・ツインリンクもてぎ）」という施設があるんですが、そこで僕の友人の崎野隆一《さきのりゅういち》郎《ろう》さんという人が夏休み中の子どもたちを預かって、一カ月間、キャンプをやっているんです。僕もそこへ手伝いに行ってる。

下重　それは素晴らしい。お父さん、お母さんたちは出入り禁止ですか。

養老　もちろん。「夏のガキ大将の森キャンプ」っていうんですけど、何しろキャンプですから、スマホもゲームも没収です。昼間は自然の中で遊んでいるので、クタクタになって七時頃になると皆、ぐっすり寝てしまいます。寝る場所も一応、屋根はあるんですけど寝袋でね。水場もトイレも階段を一〇〇段くらい上がったところにしかないし、食事は必ず自分たちで火起こしをさせるんです。火を起こせなかったグループには飯を食わせないぞっていって（笑）。

下重　それは真剣なキャンプですね。泣く子もいるでしょう？

養老　いいえ、子どもたちはだいたい一日で慣れるんです。火起こしだって、本当は子どもの力では難しいんだけど、そのうちグループ内で協力し合うようになる。

「じゃあ、次はお前の番な」っていう感じで次々に交代しながら、自分たちでうまいやり方を見つけていきます。大人がいろいろ口を出さないで放っておいたほうが、その場の環境に適応していくんですね。

下重　自然の中に放り込むと、自ずとそこへ適応する。巨大地震が起きて社会が崩壊しても、新しい環境に適応する若い人たちが必ず現れるっていうのと同じね。

養老　ええ。崎野さんはこの取り組みを、ぜひ日本中の学校に広げたいといっています。僕もできる限り応援していきたいですね。

下重　養老さんは、いつ頃からお手伝いをしているんですか。

養老　もう一〇年ぐらいになるかなあ。ただ、手伝いといっても余計なことはしません。一緒に虫を採りに行って、子どもたちに何か聞かれたら答えるくらい。僕は僕で、虫を採るのに集中していますしね（笑）。子どもっていうのはだいたい、関心をもてば自分で何とかするからね。あまり手をかけないので、子どもが勝手に自然の中に生きているという感じです。

下重　まったく手をかけないんですか。

養老　いえ、崎野さんなんか、子どもが危ないことをすればしょっちゅう怒鳴って叱っています。あと、いつもプラスチックのバットを持ち歩いていて、子どもをコツンとやっている(笑)。今の子どもってそんな風に怒られたことないでしょ。

下重　今の学校ではそういうことはやりませんから、余計に新鮮でしょうね。

養老　ある時、崎野さんが子どもに「ポケットに手を入れて歩くな」って指導していたんですが、うっかり自分がポケットに手を入れちゃった。そこで、逆に子どもから注意されたんです。そうしたら崎野さんはプラスチックのバットを手渡して、「じゃあ、俺のこと叩いていいぞ」。ところが、相手は子どもだからまったく手加減しない。思いっきりお尻をひっぱたかれて、崎野さんも「あいつ、力いっぱい振りやがって」って怒ってましたよ(笑)。

下重　可笑しいですね。ところで、どうしてポケットに手を入れるのが禁止だったのかしら。

養老　理由は知らないけど、林の中でポケットに手を突っ込んで歩いていたら、転んだ時に危ないですよね。とっさに手をつけないから。自然の中でただ遊ばせているだけでも、そういう安全面をちゃんと大人がみていないと、「何かあったらどうする」とか「誰が責任を取るんだ」とかいってくる人が必ずいるでしょう。今の世の中、キャンプをするだけでも大変なんです。大人も子どももね。

生きる力を取り戻せ

下重　養老さんは、いろいろな本やインタビューで、もう虫と子ども以外にはほとんど興味がないっておっしゃっていますけれど、本当にそうだということがよくわかりました。お話しされている時の熱量がまるで違います。

養老　子どもに関しては心配なんです。たとえば今の子どもたちは、自分から「道を外れる」ってことをしないんですよ。驚きました。

下重　どういうことです？

養老　ある時、子どもを二〇人くらい連れて、島根の三瓶山《さんべさん》に虫採りに行ったんです。僕はどんどん藪の中に入っていって、三〇分くらい夢中で虫を探していたんですが、ふと気がつくと周りに誰もいない。それで元の場所に戻ったら、子どもたちが全員、まだ道の上にいたんです。

下重　えっ。何をしていいか、わからなかったということでしょうか。

養老　うん。でも、キャンプに連れていって放っておけば、自分たちでどんどん藪の中に入っていくようになる。それと同じで、天変地異があって世の中が滅茶苦茶になれば、子どもたちは自分で動くようになります。山の中、林の中にもどんどん入っていく。絶対に入っていきますよ、だって入っていかなきゃ生きていけないんだもの。

下重　戦争の直後の子どもたちもそうでした。生きていくためには、何でもやりましたよね。

養老　僕、うちでネズミを飼ってるんです。生まれた時から箱に入れて育てているんですが、そこにはいつも水やエサがあって安全でしょ。箱から出して部屋に置いても、怖がってじっとしているか、ヒゲで用心深く周囲を探りながら恐る恐る歩く。ところがある時、うっかり箱に戻すのを忘れて放っておいたら、どこかへ消えてしまって一週間が経っても絶対に捕まらないんです。その部屋にいること自体は間違いない、どこへ消えたのかと虱潰しに探したら、置いてある棚の一番下の段の隅っこのところに、仰向けになって引っ付いていた。まるで、天井に張り付いた忍者みたいでしたね。

下重　野生の感覚を取り戻したのね。

養老　今の子どもたちも同じです。過保護な環境から一歩外へ出て、自分で生きていかなければどうしようもない状況に放り込まれれば、絶対に野生に戻る。生まれつきもっているはずの、生きる力を取り戻すんですよ。

下重　やっぱり巨大地震が来なきゃいけないのかもしれないですね。

まるのようになれたら

下重　改めて、人間の社会って歪《いびつ》だなあって感じます。表面上はいろいろなものを守っているようでいて、実は動物や子どもたちの生きる力みたいなものをどんどん奪っている。本当はそういう余計なことをしないで放っておいたほうが、生き物が本来もっている力が発揮されて、生き生きしてくる。

養老　そうです。そうでなけりゃ、生物としての人間だってこれまで何億年も生きてこられなかったでしょう。

下重　無理をしない。何かに迎合するわけでもなく、毎日をただ気持ちの赴くままに過ごす。まさしく、まるのような生き方ですね。

養老　そうですね。猫はみんなそうでしょ。子どもたちだって本来はそうなんです。人間も猫みたいに自然に生きることができれば、巨大地震が起ころうが、この先どんな社会へと変わろうが、たくましく生きていけるはずですよ。

下重　そういえば養老さん、話を聞かずにじっと虫をみているようなことは、今回はありませんでしたね。

養老　いや、似たようなもんですよ。お話しをしながら、頭の中では虫のことばかり考えています。今だって、瓶の中に入れてある虫の脚をどうやって広げたらうまく標本になるかなって、自分の好きなことばかりが頭に浮かんでいますね(笑)。

下重　実は私も同じです。養老さんとお話しをしていても、さりげなく窓の外をみて、「あ、そろそろ日が暮れそうだなあ」「今日こそ闇になる瞬間を見つけてやるぞ」なんて考えてしまうのよ（笑）。

養老　いいんじゃないでしょうか。僕も人の話は三割くらいしか聞いていない。でも、それで十分ですよ。人に合わせることもなく、好きなことにしか興味がない。まると一緒です。

下重　まさしく、「まるに始まり、まるに終わる」というような対談でしたね。

あとがきにかえて

その住まいは、寺の借地の中にあった。

鎌倉は寺社が多く、大・小さまざまな寺の土地を借りて人々は家を建てる。養老さんのお宅もうしろに山を控え、斜面を上り切ったあたり、切通《きりどおし》や窟など独特の地形を利用した道や墓などを縫って到達する。

「背後霊がいくつも肩に乗っている」と、養老さんのいうのもうなずける岩屋の中の墓に手を合わせながら進むと、格子戸のある門前に出た。

女医として死ぬまで盡《つく》された母上の代からずっとここに住む。愛猫・まるも、ここで息を引き取った。

私の母も、母上と生前にご縁があったらしいが、くわしい話を聞こうにも、母は一九八八年に亡くなっている。

まるが日向ぼっこしていた縁側のガラス戸を隔てたクッションに身を沈めて、私はまるになったつもり。さんさんと降り注ぐ春の日が少しずつ西へと位置を変える。

私にはどうしても一つ問いたいことがあった。「虫好きの人はなぜ標本をつくるのか」。

自然の中で羽搏《はばた》く蛾や蝶、カブトムシなどの甲虫類も息をひそめて標本箱に収納される。そして針で整然と留め置かれる。

失礼を顧みず聞いてみた。箱根の別荘にある標本の、その数は知れず……。

「だから虫塚をつくったんです。彼らを供養する墓を、すぐ近くの大きな寺の敷地内につくりました」

「そこにまるも私も入ろうと思っているんです」

私はその虫塚をみたいと思った。そこには養老さんのさまざまな思いが詰まっている。それを知りたいと思った。

「みせていただけますか？」

その日はすでに暮れかけて、雨もポツリとやってきそうなので、またの機会を約束した。暖かくなったら、それを理由に再びお目に掛かれる。どんな虫塚だろうか。さまざまに想像してみる。たぶんシンプルだが、その前に佇んだら温かい気持ちになれるだろう。

一つ違いの私が年上だが、同年代の親しみと懐かしさがある。そして戦争も戦後も知っている。

二〇三八年、大災害が日本を襲ったとして、養老さんも私もこの世にはたぶんいない。

その後、どんな時代がやってくるのか。その問いに養老さんの眼鏡が光り、力を込めて語られたこと……。

その時、玄関の少し開いた戸の隙間に気配を感じた。春の風か、まるがのっそり入ってきたのか？　養老さんは、いつまるが帰ってきてもいいように夜も戸を少し開けておく。

白梅が残りの花を咲かせていた。

二〇二三年三月八日

下重暁子

養老孟司（ようろう・たけし）
1937年、神奈川県鎌倉市生まれ。東京大学名誉教授。医学博士。解剖学者。東京大学医学部卒業後、解剖学教室に入る。95年、東京大学医学部教授を退官後は、北里大学教授、大正大学客員教授を歴任。共・著書に、毎日出版文化賞特別賞を受賞し、450万部超のベストセラーとなった『バカの壁』（新潮新書）のほか、『唯脳論』（青土社・ちくま学芸文庫）、『超バカの壁』『「自分」の壁』『遺言。』『ヒトの壁』（以上、新潮新書）、『まる ありがとう』（西日本出版社）、『養老先生、病院へ行く』（エクスナレッジ）、『ものがわかるということ』（祥伝社）など多数。

下重暁子（しもじゅう・あきこ）
1959年、早稲田大学教育学部国語国文学科卒業後、NHKに入局。アナウンサーとして活躍後、68年に退局しフリーとなる。民放キャスターを経て、文筆活動に入る。公益財団法人JKA（旧・日本自転車振興会）会長、日本ペンクラブ副会長などを歴任。現在、日本旅行作家協会会長を務める。『家族という病』『極上の孤独』『老人をなめるな』（以上、幻冬舎新書）、『天邪鬼のすすめ』（文春新書）、『鋼の女《ひと》 最後の瞽女《ごぜ》・小林ハル』（集英社文庫）、『人間の品性』（新潮新書）、『孤独を抱きしめて 下重暁子の言葉』（宝島社）など著書多数。

宝島社新書

老いてはネコに従え

（おいてはねこにしたがえ）

2023年5月10日　第1刷発行

著　者　養老孟司　下重暁子
発行人　蓮見清一
発行所　株式会社　宝島社
〒102-8388 東京都千代田区一番町25番地
電話：営業　03(3234)4621
　　　編集　03(3239)0646
https://tkj.jp
印刷・製本：中央精版印刷株式会社

ISBN 978-4-299-04143-2